JN262210

科学する眼
―― はてな を調べ、考える

長崎誠三

アグネ技術センター

まえがき

　科学を知ることによって、本当のことがもっとよくわかるようになる。それによって、人生行路の間違いを少なくすることも可能だろう。迷信から自分を守ることもできるようになるだろう。しかし科学は面倒だし、なんだか難しそうで気が進まないという人が多いが、そんなことはない。こんなに面白い、興味があることは、世の中にそんなにはない。是非一読をお勧めする。

　内容は、著者の長崎誠三さんが1999年12月に亡くなるまで、1960年ごろから、いろいろな雑誌や新聞の解説などで発表された論説の中から、編集部がテーマ別に拾い集めたものである。内容のあらましは各章の最初にある要約でご覧いただけばわかるようになっている。

　　1章　にせものを見破る科学
　　2章　金属いろいろ
　　3章　環境汚染を調べる
　　4章　ガラス今昔

　このような構成だから、どの部分からでも、面白そうだと思うところから読み始めていただくといい。出版社の社長であり、また編集者でもあった著者は原稿を依頼するときにはいつでも、「文章は出来るだけやさしく、内容は高度に」と注文を付けておられた。私なども、何時もそういわれたものである。この本にはかなり高度な科学知識が述べられているにもかかわらず、誰にでもわかるように書かれている。著者の日ごろの心がけが偲ばれる。

　長崎さんは、略歴をご覧になればわかるように、専門は金属物理学である。東大、東工大の学部・大学院を経て、東北大学金属材料研究所の助教授を勤められた。有能な若手研究者であった。大学院時代に私は学部学生で、同じ研究室で初歩からご指導を受け、亡くなるまで学問と人生における師であった。大学での静かな学究生活は、長崎さんの幅広い能力を閉じ込めておくには狭すぎたのかもしれない。やがて大学を離れたが、学問を実社会に生かしていくため

には、この方がいいのだという確信があってのことだったろう。

　科学機器メーカーに移り、学生時代からの研究であった比熱測定などの熱分析装置を開発し、アグネという変わった名前の会社が出版していた雑誌「金属」の編集にもかかわった。しばらくして当時としてはあまり例のなかった受託分析の会社、アグネ技術センターを設立。企業・公共機関などから高度に専門的な試験を含む分析を引き受ける一方で、月刊雑誌「固体物理」や理工系単行本の出版も手がけるようになり、それぞれの分野の進歩に大いに貢献した。

　多方面の才能に恵まれた長崎さんは、文筆活動にも力をそそがれた。会社経営の忙しい合間を縫って、自分で調査し、実験し、科学者として伝えたいことを文章にして雑誌や新聞に掲載しておられた。また晩年には、東京空襲の被害状況を丹念に調査し、一冊の本にまとめ出版するなど、調査の記録のためにご自分でカメラを操作し、重いカメラ操作のために腱鞘炎を患われたこともあった。

　奇しくも長崎さんの亡くなったのは、1999年もあと旬日で終わろうとするときであった。20世紀の科学技術を支える金属工学の学者であり、啓蒙家でもあった長崎さんは、亡くなる直前まで、体力の衰えで眼科の待合室で横になって待つような状態でも、白内障の手術を受け、執筆の仕事を続けようとされた。それをうかがって、鬼気迫る感じを受けたものである。

　そのような生き方を知る者にとって、雑誌などいろいろな媒体に書かれた、20世紀の一断面の証言である貴重な解説が、時間とともに人の目から消えていくのを見るのは忍びないという気持ちも、この出版を進めた理由の一つである。もちろん最初に書いたように、それだけでなく金属の基本的な性質と環境汚染（21世紀に人類が直面する大問題）の関係を、わかりやすくまとめた部分も実際の人間生活に役に立つと思う。少なくともニセモノにだまされないようになる。

　　　2006年6月

豊橋にて
野口精一郎
豊橋技術科学大学名誉教授

編集にあたって

　本書は著者長崎誠三の専門の研究報告を除いて、雑誌や新聞に執筆したものの一部を、金属に関連する話を中心にまとめたものである。優れた啓蒙家であり、みずから行動する科学者だった著者が、幅広い読者にむけてもっとも精力的に発信し続けていた時期の文章を収めた。

　晩年には、何冊かの単行本を上梓している以外にも、雑誌「金属」の編集主幹として編集後記などに健筆をふるったが、本書には採録していない。

　著者は、科学者として無関心ではいられなかった事件、世の中の動きについて、ひろく訴えるために執筆した。当時の環境・公害問題については、あるものは改善、進歩が見られるが、依然として解決されないもの、あらたな問題も山積しているし、本書で取り上げた事件についても、なお疑惑や不信感が残されたままである。

　「なぜ、こんな前に書かれたものを？」と思われるかたもぜひ一読してみてほしい。身のまわりのものやできごとについて、わかりやすく解き明かした文章から、ものごとの本質を「科学の眼」でとらえて明らかにしていくという、いつの時代も変わらない視点を読みとっていただければ幸いである。

　なお、一冊の本にするために書かれたものではないので、章ごとのまとめに多少無理があり、重複する箇所もある。また、三つの事件（「もく星」号、白鳥、永仁の壺）や公害問題などについては、当時の時代背景とその後の状況について、編集者として簡単な解説を加えた。

　転載を許可してくださった出版社、新聞社にお礼を申し上げる。編集の都合上、初出原稿の一部を削除、また写真、図の変更、挿入をしたことをご了解いただきたい。

2006年6月

編集部

著者まえがきにかえて

さて、私は何屋でしょう？
—弾丸鑑定から駄文書き、社長業まで

　何がご専門で？ときかれた。さて、と考えこんでしまう。

　装置を開発し、作って売りもしたが、装置屋ともいえない。

　公害関係の本も書き、ガラスの解説もものしているがこれらはもちろん専門ではない。

　弾丸をめぐる鑑定を何件か手がけて法廷にも何回か立った。古美術品、考古品の真偽の鑑定にもたずさわった。しかしこれらは物理、金属を専門としていてのかかわりで、むろん法科学の専門家ではない。

　化学分析をたのまれたり、X線分析をやり、熱分析をやっているが、もちろん分析屋ではない。

　この20年間、私は小なりとはいえ株式会社の社長をやってきたが、およそ経営者などという柄ではない。

　駄文をよく書くが、文筆家ではもちろんない。

　では、金属の？とたずねられて窮するのである。扱うものの中では金属はたしかに多いほうだが、金属屋かと正面きって問われると、「ハイ」とはいいかねるのが私のこれまでの行状なのだ。

　あまりに多くのワラジをはきすぎたのか、どれが自分のワラジかわからなくなってきた、というのが正直なところである。

さて私は何屋でしょう？

著者　アグネ技術センターにて

　だが、大学1年のとき、「規則格子」のこと、「協同現象」の話をT先生から聞いたとき、その興奮が、それからのすべてを決めている気がする。2年のときから比熱測定をはじめた。比熱は一応測れるようになった。では構造を決めなくてはと、X線に手を出した。また金属、合金だけではなく、協同現象を示すと思われる物質を手あたり次第つくって測ったりした。状態図に関心をもつようになったのも、そのつながりである。試料をつくっても分析ができなくてはと、こちらにも手を染めるようになった。

　専門はともかく、あまりにもやり残したこと、中途半端に終っていることが多い。あと何年つづけられるかわからないが、なんとか片づけておきたいというのが、何でも屋の願いである。

（「金属」1985年1月号）

著者略歴

1923年3月	東京に生まれる
1944年9月	東京帝国大学第二工学部冶金学科卒業、大学院特別研究生となる
1948年4月	東京大学第二工学部応用物理を経て、東京工業大学物理へ
1950年4月	東北大学金属材料研究所助手、1952年助教授
1957年10月	東北大学を退官、理学電機株式会社に入社
1963年12月	株式会社アグネ技術センターを設立
	この間、日本金属学会専務理事、本多記念会理事、日本物理学会常任理事、特殊法人国民生活センター技術顧問、学習院大学理学部講師等を歴任
1987年12月	株式会社アグネ代表取締役兼任、雑誌「金属」編集主幹
1999年12月	死去

専門：金属物理

おもな編著書：『改訂増補合金状態図の解説』共著、1964年
　　　　　　　『金属物理実験室』編・共著、1964年
　　　　　　　『100万人の金属学基礎編』共著、1965年（アグネ）
　　　　　　　『金属学ハンドブック』共著、1958年（朝倉書店）
　　　　　　　『汚染物質』1974年（新日本出版社）
　　　　　　　『金属物性入門（金属物性基礎講座第1巻）』共著、1977年
　　　　　　　『金属の百科事典』共編著、1999年（丸善）
　　　　　　　『金属データブック』共編、1974年
　　　　　　　『金属用語集』1973年（日本金属学会、丸善）
　　　　　　　『材料名の事典』共編、1995年
　　　　　　　『人と金属と技術の昭和史－雑誌「金属」の67年』1998年
　　　　　　　『戦災の跡をたずねて－東京を歩く－』1998年
　　　　　　　『新版アグネ元素周期表』共編、2001年
　　　　　　　『二元合金状態図集』共編著、2001年
　　　　　　　『鉄合金状態図集』共編著、2001年
　　　　　　　『作られた証拠－白鳥事件と弾丸鑑定』2003年（アグネ技術センター）

目　次

まえがき　野口精一郎　*i*
編集にあたって　*iii*
著者まえがきにかえて　「さて、私は何屋でしょう？」　*iv*
著者略歴　*vi*

1章　にせものを見破る科学 1
　にせものを見破る科学
　　「裁判と科学研究所」主催裁判ゼミナールでの講演　3
　　裁判と科学―白鳥事件弾丸鑑定のあゆみから　25
　　ダイヤと超々ジュラルミン　42
　　「もく星」号遭難す　50

2章　金属いろいろ 55
　暮らしのなかの金属　57
　　1. ジュラルミン　57　　　2. 金ぱく　59
　　3. 銀食器　60　　　　　　4. 模造金　62
　　5. 日本の鐘、西洋の鐘　64　6. 刃物の切れ味　66
　　7. 鉛中毒　68　　　　　　8. 鋳物とは？　70
　　9. タングステン　72　　　10. ステンレス　74
　　11. ベリリウム　75　　　　12. 和釘　洋釘　77
　　13. 針　79　　　　　　　14. 鉄の管　80
　　15. ありみにうむ　82

　科学の眼　85
　　1. ばね―鯨のひげから鉄へ　85
　　2. ベアリング―比較的新しいころがり軸受け　86
　　3. 注射針―鉄ならではのパイプ　87
　　4. 切削工具―産業革命と高速度鋼　89
　　5. 錠と鍵―〈泥棒〉対〈鉄〉　90
　　6. チェーン―信頼をつなぐ鉄　92

7. 手術用具—ステンレスの切れ味　94
8. 橋の沓—すばらしい関節　95
9. ステープル—手軽な力持ち　97
10. 電動機—動力と強磁性　99
11. ねじ—リベットからネジへ　100
12. PC鋼線—力を与える鉄　102

鉄のはなし　104
1. 鉄のエピソード　104
2. いまだにわからない鉄の性質　106
3. 鉄の変態の不思議　110
  むすび　111

鉄の科学　113
1. 浸炭の秘密　113
2. 鉄の性質をきめるもの　115
3. 磁気はどこから生まれるか　118
4. 鉄のやっかいもの　120
5. クラッド材のいろいろ　123
6. 鉄を燃やして鉄を切る　125
7. 鉄が織り成す美しい色　128
8. フェライト再発見　131
9. 和釘にみる鉄の歴史　133
10. 夢をひらく"猫のひげ"　136
11. 鉄で染める鉄の色　138
12. 土に生まれ土に還る鉄　141

自然科学へのさそい—金属学とはなにか　144

3章　環境汚染を調べる　..　**149**
　身のまわりの重金属汚染　151
　水銀汚染と私たちの生活　166
　暮らしのなかの重金属の不安　175
　ガソリン中の鉛による汚染について　184
　六価クロムとH氏の執念　188

　　　　　　　　目　次

　　黒いフルート　*190*
　　二酸化窒素測定運動の意義と役割　*193*

4章　ガラス今昔 **201**
　　暮らしのなかのガラス　*203*
　　　　1.　日本にきたのは…　*203*
　　　　2.　「ビードロ」「ギヤマン」　*205*
　　　　3.　メガネ今昔　*208*
　　　　4.　江戸期の板硝子　*210*
　　　　5.　板ガラスのつくり方　*212*
　　　　6.　フロート法　*214*
　　　　7.　強化ガラス　*216*
　　　　8.　革袋からびんへ　*218*
　　　　9.　色つきビールびん　*220*
　　　　10.　けい光灯　*223*
　　　　11.　ガラス繊維（その1）　*225*
　　　　12.　水が土に変わる？　*227*
　　　　13.　落としても割れない　*228*
　　　　14.　色をつけるには…　*230*
　　　　15.　鏡今昔　*232*
　　　　16.　魔法びん　*234*
　　　　17.　ガラス繊維（その2）　*235*
　　　　18.　レンズ今昔　*237*
　　　　19.　クリスタルガラス　*239*
　　　　20.　寒暖計・体温計　*241*
　　　　21.　電球今昔　*243*
　　　　22.　カラーテレビのブラウン管　*244*
　　　　23.　ガラス玉いろいろ　*246*
　　　　24.　ガラス工業は"新生児"　*248*

　　索　引 **250**

1章　にせものを見破る科学

にせものを見破る科学
裁判と科学－白鳥事件弾丸鑑定のあゆみから
ダイヤと超々ジュラルミン
「もく星」号遭難す

にせものを見破った話

　本章は「裁判と科学研究所」主催の裁判ゼミにおける講演をまとめたものである。第一話は、著者が「自分の人生を変えた」という白鳥事件の弾丸鑑定について、第二話は"「永仁の壺」事件"について、その他歴史的に有名なにせものづくりとにせものを見破った話などである。

　白鳥事件の証拠弾丸の真偽を明らかにする実験は、著者が資金的にも苦しい時代に、内外の科学者たちや弁護団との協同でつづけた、執念のたたかいである。著者にとって、裁判が科学的な根拠を無視してにせの証拠で人の運命を左右することはまったく許されないことであった。

　永仁2年という日本のやきもののなかで最古の年記銘をもつ「永仁銘瓶子」といわれる壺は、当時の文化財保護審議会専門委員小山富士夫氏の強い推薦によって、1959年に重要文化財の指定を受けた。さまざまな疑惑が深まるなかで科学鑑定が行われ、にせものであることが明らかになり、重要文化財の指定を解除された。1960年のことで、依頼を受けた著者らは初期の蛍光X線分析装置を用いて解析したのである。後に著者は、科学的経験に基づく一種の第六感に近い信念が支えになったと語っている。

　著者はX線分析などを業としていたので、美術品や宝石などの分析ももちこまれた。また手に入るものは何でも分析を試み、表示どおりのものであるかどうかを確かめた。白鳥事件の鑑定以後、何件か弾丸の鑑定依頼も受け、法廷にも立っている。

　真贋論争は古今東西尽きることがない。未解決のものもあるが、科学的手段が用いられるようになって、決着することが多くなった。

にせものを見破る科学
「裁判と科学研究所」主催裁判ゼミナールでの講演

私の人生を変えた弾丸鑑定

　私が、白鳥事件の弾丸鑑定を、裁判所から委嘱されたのは、1956（昭和31）年9月のことで、鑑定書を提出したのが同年の10月です。当時、東北大学金属材料研究所の助教授をしていました。

　翌、1957（昭和32）年の秋に東北大学を辞めて、X線装置などをつくる理学電機という会社に入り、そこを1963（昭和38）年の春に辞め、その年の暮れに、いま、私の所属しているアグネ技術センターという会社をつくって現在にいたっています。

　一般の世間の人とか、私の友人たちは、白鳥事件の弾丸の問題で、私たちの主張はいれられなかったんだと思っています。でもそれはそうではなくて、再審請求の申立を棄却した札幌高裁は、「弾丸の証拠価値は大幅に減退した」、「ひいては事件全体の捜査機関の捏造にかかるものではないかとの疑いも生じる」と決定文に書いていますし、1975（昭和50）年、最高裁が再審特別抗告の棄却決定を下したときに、「証拠弾丸に関しては第三者の作為、ひいては不公正な捜査の介在に対する疑念が生じ得ることも否定しがたい」と決定文で述べ、多少奥歯にものの挟まった表現ではありますけれども、弾丸に関しては、われわれの主張を全面的に認めたといっていいのだろうと思います。

　しかし、その間の20年の歳月と、それにかかった実質的な有形無形の費用を考えると、大変なものでした。多くの人たちの協力があって、初めてできたことだと思います。

　白鳥事件にかかわったということは、私の人生を、また、考え方を大きく変えました。それは、何事に対するにも、自分自身の武器を持たなくては駄目だということです。私にとっての武器とは、白鳥事件でいえば、「弾丸」の謎を解くための道具であり、内外の文献ということになります。なにも私が裁判の

問題に絡んでだけそう思っているのではなくて、私たちがいろいろなことに遭遇して、それを探求しようと思うときに、その探求を助けるのが武器です。にせものをあばくためには武器がどうしても必要なのです。

27カ月後に発見されたという弾丸（208号）　19カ月後に発見されたという弾丸（207号）　白鳥警部の体内より摘出された弾丸（206号）

はじめに白鳥事件の証拠弾丸の写真をご覧いただきます。真中にあるのが、1953（昭和28）年8月19日、事件発生20日ほど前に射撃の訓練をしたという幌見峠を、高安知彦（28頁参照）立ち会いで捜索した時に発見されたという発射弾丸、ピカリと光っていたというのですが、これが207号といわれています。向かって左側にあるのが、その次の年の1954（昭和29）年の7月30日にもう一度幌見峠を捜索して発見されたという発射弾丸、208号といわれています。もう一発白鳥警部の体から出てきた弾丸の206号（向かって右）があるわけです。3発並べてご覧いただくとはっきりするのですが、この206号と射撃訓練の27カ月後に発見したと称する208号弾丸とは非常に似ています。ところが19カ月後に発見したという207号弾丸は、メッキが残っているし、形のうえでも違う弾丸です。

この証拠弾丸を、私は最初に鑑定依頼を受けたときに見て、そのあと最高裁にかかっている段階と2回見ました。詳しいことはあとでお話しします。

一致しない弾丸のせん条痕

まず拳銃（ピストル）の話ですが、われわれ一般の人は、拳銃を撃ったこともないし、あまり見たこともありません。ですから、拳銃というものはどういうものかを知らない。われわれも白鳥事件にかかわってはじめて拳銃とはどういうものかということを学んでいったわけです。

拳銃には回転式（リボルバー）と自動装填式（オートマチック）とがありますが、日本では区別しないで、ただピストルとか拳銃と呼んでいます。

リボルバーは蓮の実のようになった回転する弾倉の中に、弾丸をつめて発射するタイプです。西部劇で活躍するのはこのリボルバーです。
　オートマチックピストルは、握りの所にある弾倉に弾丸が6発から8発ぐらい装填されて、発射ずみの薬莢は、発射による反動で排出され、新しい弾丸が次々と装填されていく機構をもっています。
　リボルバーは18世紀のおわりから19世紀にかけて開発され、オートマチックは1880年代から登場してきます。
　オートマチックの利点は弾倉を交換することで、素早くつめかえでき、持ち運びが便利ということです。しかし、構造が複雑で、製造、修理が難しく不発弾が出たときは処理が面倒です。また腔圧が大きい、爆発力の大きい火薬を使った弾丸は使用しにくく、同じ弾丸でも腔圧の異なるものは作動不良を起こしやすいのです。こういう欠点もありますが、利点の方が多く、現在では各国の軍用制式拳銃はほとんどオートマチックだといわれ、ベルギーのFN社製のブローニング、アメリカのコルト、ドイツのモーゼル、ロシアのトカレフなどは代表的なものです。
　白鳥事件の物証の3発の弾丸について、第一審の鑑定人であった東京大学の磯部孝教授（当時）は、「いずれも公称口径7.65ミリのブローニング自動装填式拳銃または同型式の腔筅を有する拳銃」により発射され、しかもせん条痕を比較顕微鏡を用い比較検討した結果「異なる銃器より発射された確率は極めて小さい」と述べています。
　ブローニング拳銃には、ベルギーの製造会社のFNというマークが銃の握りに刻んであります。拳銃によほど詳しい人でないと、これがブローニングだということはわからないと思うのですが、幌見峠で射撃訓練をしたという連中が、捕まってすぐ「ブローニングだった」ということを供述するのも不思議なことです。そして白鳥警部を撃った弾丸の薬莢は発見されていますが、幌見峠で10発試射したといわれる薬莢は一つも見つかっていません。ふつうは弾丸はなかなか見つからないけれど、薬莢はすぐ見つかるといわれているのですが。
　それはともかくとして、7.65ミリのブローニングの拳銃で撃てる弾丸という

のは、限られたものでしかないわけです。もしそれ以外の弾丸を誤って装填しますと、不発を起こしてしまいますから、暴発することもあるでしょうし、またそれをバラして弾を取り出すということをしなければなりませんから、よほど専門家でないと危険なわけですね。この話は幌見峠で、白鳥警部を殺したのと同じ銃を使って射撃訓練をしたということになっているわけですが、207号という、19カ月後に発見された弾丸は、ドイツ製の弾丸と思われ、白鳥警部から出た弾丸と、幌見峠で27カ月後に発見されたと称する弾丸は、ベルギー製と思われる弾丸です。

そういう違ったものを、弾倉に詰めて、装填して発射するということはちょっと考えにくいことです。

この3発の弾丸が、彼らが言う同じ拳銃から発射されたものかどうかを鑑定するには、証拠弾丸についているせん条痕といわれる傷を調べることが重要です。

拳銃の銃身の内側には、弾丸が回転しながら銃口から飛び出していくために、ライフルと呼ばれるせん条の溝がついています。飛び出していく弾丸には、銃身のらせん部分で傷がつきます。これをせん丘痕ともいいますが、せん丘とせん丘の間のせん底にも傷がつきます（図参照）。われわれはせん条のスジに着目しましたので、これらをせん条痕といっています。せん丘の数、右巻きか左巻きか、その幅、深さなどは拳銃のモデルによってさまざまです。

最高裁にかかっている1963年の夏、われわれ何人かで、最高裁に通って、領置されている3発の弾丸を出してもらい、弾丸を観察し、全形写真をとったり、原善四郎東大助教授（当時）はせん条痕の顕微鏡写真をとり、工具顕

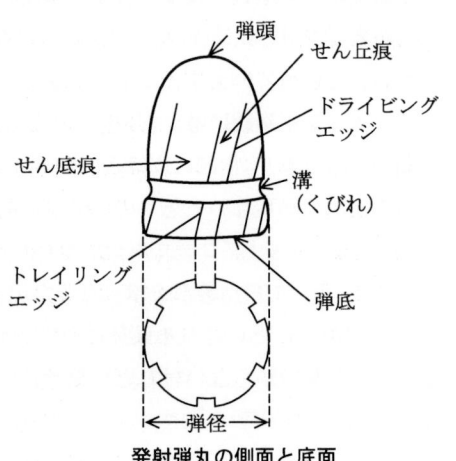

発射弾丸の側面と底面

微鏡でせん条痕の弾軸に対する角度を測りました。

われわれが裁判にかかわっているあいだに、いろいろ銃器に関する文献も出ました。外国の銃器鑑識の専門書や、日本の科学警察研究所報告を読んで勉強し、弁護団の要請に対して外国から寄せられた専門家の意見を参考にしました。中国からは同じ拳銃から発射された弾丸の提供を受けて、それらのせん条痕、角度を調べました。また、銃器の鑑定では必ず使われる比較顕微鏡を入手、精密投影機を購入してせん条痕のこまかなきずや角度などを調べました。札幌高裁に再審請求が出されたときには、これらの測定器具類…重くて二人がかりでも持てないようなものですが…を札幌高裁に持ちこんで、弁護団が証拠弾丸の撮影、測定をしました。そして詳細な比較検討の結果を報告書としてまとめ、裁判所に提出しました。ここで明らかになったことは、「3発の弾丸は同一銃器から発射されたものとは認められない」ということです。

応力腐食割れの発見

次に弾丸の腐食についてお話します。

1956（昭和31）年9月12日に、私が札幌高裁から委嘱された207号と208号弾丸の鑑定は、腐食の問題でした。当時は腐食しているかどうかということを、外見的に見てどのくらいサビているかということをいう以外、武器がなかったわけです。私は「両弾丸とも過酷な腐食作用の存在する環境に長時間おかれてあったとは考えがたい」と結論し、さらに「両弾丸ともくびれの部分、弾底部の鉛心と接触する部分にきれいにニッケルメッキが残っている」、「両者の組成、加工の方法に違いがあると推量される」ということを指摘しました。

北海道大学の岡本教授（当時）は、金属腐食は複雑な現象なので、弾丸が幌見峠の土の中に、19カ月ないし27カ月埋まっていたかどうかを推定することは不可能だという不可知論にもとづく鑑定書を提出しました。

二審判決では、わたしの鑑定や、銅板で実験した結果をまとめた宮原鑑定をしりぞけ、腐食については岡本鑑定、せん条痕については前にお話した磯部鑑定を根拠として有罪判決が下されたのです。

最高裁の上告に向けて、弁護団は拳銃と弾丸の科学的検討について、世界の

法律家、科学者に向けてアピールを出しました。

　この要請を受けて、中国では1964（昭和39）年2月から、弾丸の大規模な腐食実験を始めたのです。日本の札幌の幌見峠と類似の環境のところ、場所は延吉といって、ロシアと中国とのちょうど境界のところです。小屋を建てて、5人ぐらいの人がそこに詰めて、2年3カ月という期間、実験をしてくれたのです。証拠弾丸と同じ種類の、実際に発射した弾丸を土中に埋めたり、地上に放置したり、全部で500個から600個の弾丸を使っての実験でした。

　その結果、われわれだけでなく、世界でも、腐食学上報告されていなかった事実を発見したのです。問題になっている拳銃の弾丸というのは、中が鉛で、外側は真鍮、今は黄銅といいますが、銅に亜鉛がだいたい35％ぐらい入った合金で、周りを被覆しているものですが、弾丸を発射して野外に放置しておいたら、応力腐食割れという現象がすべての弾丸に発見されたということです。

　真鍮の応力腐食割れについては、第一次世界大戦のときに、薬莢はだいたい全部真鍮でできていますから、大砲などの弾を保管しておくと、薬莢が応力腐食割れを起こして割れるので非常に困り、それが契機になって応力腐食割れの研究が始まったといわれています。

　真鍮が応力腐食割れを起こす要因の一つとしては、弾丸や、薬莢をいくらか加工したことによる、弾丸の場合には発射したことによって、発射のマークがつくわけですが、その歪みが残っているということがあります。

　もう一つの条件としては、環境の中にアンモニアがあるということが従来い

中国延吉の大気中腐食試験台の前で

われてきました。ところが幌見峠や、中国の実験場に使った延吉は、ただふつうの赤土で、アンモニアのようなものがある環境には見えない、それなのに応力腐食割れを起こしたということは、中国の科学者はもちろん初めての経験でしたし、下平三郎先生（当時東北大教授）はじめ日本の腐食の研究者にとっても、新しい未知の体験でした。

　中国での実験開始一年後、日本でも中国から発射ずみの、証拠弾丸と同種の弾丸の提供を受けて、幌見峠に埋め、19カ月、27カ月間放置して実験をしました。その結果は中国とまったく同じで、応力腐食割れを起こしました。実験にもとづいた学問的な裏付けをもって「下平鑑定」として裁判所に提出したのです。証拠弾丸には応力腐食割れはありませんでした。私が「キレイにニッケルメッキが残っている」と指摘した証拠弾丸のくびれと鉛心の部分は、実験弾丸では腐食していました（33, 36, 37頁写真参照）。

　再審は棄却され、被告人とされた村上国治は20年の刑は受けていますけれども、判決の実態としてはわれわれの言い分を、少なくとも弾丸ということに関しては認めたといっていいかと思います。

　最初、弁護士の人も、私にしても、この事件がこんなに長い間かかるとは思っていませんでした。私はこのために東北大学を辞めたわけではございませんが、現在のような仕事を始めたのは、たぶんに自分で道具をもちたいという希望があって、そういう希望を叶えるべくいろんなことをしてきたということは事実だと思います。

　白鳥事件のことはそのくらいにしておきまして、そのほか私がかかわったこと、あるいはいままで多くの人がかかわってきたにせものに関する事件、どういうことでにせものを見破ってきたかということについて、いくつかの例をお話したいと思います。

比重の話・アルキメデスの原理

　まずにせものを科学的に見破ったということで、歴史上最初の事件ではないかと思うのは、アルキメデスの話でしょう。

　ほんとうの話かどうかわかりませんけれども、金の王冠を修理に出したとこ

ろ、返ってきたものがおかしいというので、アルキメデスは王様から鑑定を依頼されます。何かいい方法がないかとずっと考えていたのですが、たまたまお風呂に入っていたら体が浮く。浮くのは、そこに浮力が働くということに気がついて、それを使えば王冠の比重を出すことができるということで、比重をはかってみたら、金よりもはるかに比重が小さかったという話になっています。その王冠は金に安い金属をまぜたにせものであることを、見破ったということになっています。

　アルキメデスの名前がついたこの原理は、今でも比重の測定法として使われています。

　日本の話では、たとえば竹取物語の中の話で、かぐや姫がいろいろ自分に言い寄ってくる男性に対して、火に入れても焼けない「カワゴロモ」をつくってこいとか、無理難題をふっかけると、困って、にせものをつくってくる。火の中に入れれば燃えちゃう代物ですから、にせものを見破るというほどではないですが、昔から人の目をくらまそうということで、いろんなにせものがつくられていたんだと思います。

　「金」の話でいえば、私が東北大にいたとき、1951（昭和26）年の冬のことです。仙台ですからスキーに行こうということになって、行くためのお金を用立てなければいけないというので、所帯持ちの先輩がネクタイピンとか、金製品と思われるものを持っていたので、そいつを売ろうということになりました。昔は、時計屋さんで、同時に金の指輪とかいろんな金細工を扱ったり、直したりという店がありましたが、その一軒に5点ぐらい、持っていったんです。これだけ売れれば、スキーに行く費用ぐらい出るだろうということで。そうしましたら、店の主人は、まず手で持った感触で、だいたい見当つけて、いくつかの種別に分けてしまう。次に虫眼鏡で表面を見るわけです。一見、完全な金色ですから、持っていったわれわれは、もちろんそれが14金だか18金の金製品だということをいささかも疑っていなかったわけですが、店の主人は虫眼鏡でじっと見て、どんどんはねていって、最後に1点だけ残して、「条痕板」（ちょうど素焼きの瀬戸物みたいなもので）で端っこをちょっとこすって、それから硝酸かなんかを一滴たらし、その溶け具合で14金であるか18金であ

るかということを区別するのです。やっと一つだけ、「これだけ買いましょう」ということで買ってくれました。

　がっかりはしたんですが、「どうして見分けたんですか」と聞いたら、「虫眼鏡で見ればいっぺんにわかりますよ」と言うのです。われわれが本物だと思っていたけれどもダメだったのは、みな「天ぷら」でした。メッキよりはかなり厚い天ぷらの衣のようなものを真鍮にかぶせてあるんですね。ルーペで見ると、必ず傷をとおして下地が見えますから、「虫眼鏡で見ればいっぺんにわかるんですよ」と。それで「アー」といってガックリしながら帰ってきました。われわれ科学をやる者、まして金属材料研究所につとめている者として、なんと情けないことよと。天秤なんて研究室にたくさんあるわけですから、出かける前に比重でもはかれば、恥をかかないですんだし、とらぬ狸の皮算用をしなくてすんだといっておおいに反省しました。

"永仁の乱"ー重要文化財取り消し事件

　精巧に作られたにせものはいろいろあります。人を騙そうと思ってつくるものもあるわけです。作るほうもそれなりの知識を持ってつくっているわけですから、それを見破ろうとするほうが、それを上回る知識なり技術を持たなければ、見破れないことになります。

　飴釉（あめゆう）の瓶子（へいし）という鎌倉時代の作といわれる神前に捧げる酒びんがあります。これらの中に、「永仁の壺」といわれて製作の年号の入ったものがあります。それがまだ重要文化財であった時代に、東京国立博物館の、この方面の人としては有名な、林屋晴三という人が書かれた『日本の陶磁器』という本のなかに、「この瓶子は日本のやきもののなかで年記銘を刻した最古のものであり、こうした瓶子を神社に奉納する風習のあったことや、つぎの正和元年銘の瓶も白山神社に施入されていることから見て、当時尾州地方の人びとの間では白山神社への信仰の厚かったことなども知ることができ、そのような史料的な意味では貴重な作品である。」と紹介されています。この「永仁の壺」はいろいろな物議をかもし、白鳥事件ではないですけれども、非常に多くの人を傷つけました。

このにせものをつくった張本人である加藤唐九郎は、1985（昭和60）年の12月に亡くなりました。それまで朝日新聞などはいっさい黙殺していましたが、亡くなると、朝日とか毎日とかいろいろな新聞で、加藤唐九郎は偉大な男であったと書いたりしていました。作家の松本清張は、唐九郎が死ぬ何年か前に、『清張日記』というのを『週刊朝日』にずっと連載していました。清張はその日記のなかでこう書いています。

　「唐九郎氏が自己の密かにつくった永仁銘瓶子を、架空の松留窯（まつどめかまど）から発掘したと称し、これが発覚した永仁の壺事件は有名。唐九郎氏は本物が実在せぬ架空のものを、自己の模作によって鎌倉期の本物に見せかけ、小山富士夫（1900～75、このときの文化財の保護審議会の専門委員だった）をして、重要文化財に指定させ、一般大衆をあざむきしものなり」と。

　この永仁の銘瓶子というのは、昭和十何年かに、松留窯というのがあって、これももちろん架空のものですが、そこの窯（かまど）から発掘されたというのです。その前に加藤唐九郎はこの窯跡らしいところから破片が出てきたといって、それを小山氏のところにたくさん持ち込みました。それからしばらくたってから、いろいろ掘ってみたらこの「永仁の銘の瓶子」が出てきたといって取り出して、また持ち込むということになるわけです。小山氏たちが検討の結果、銘があるということが非常に珍しいということと、いい格好してどうのこうのということで、最後には重要文化財に指定されるということになるわけです。

　しかし、これは発見されたと称するときから、地元ではいろいろ物議をかもしていたということになっています。なぜ物議をかもしていたかというと、まず松留窯跡というのがどこであるかわからない。唐九郎は自分だけは知っているが、人には教えない。それから、当時の唐九郎の所業からいって、「どうもあれはにせものではないか」ということがいわれていました。

　1959（昭和34）年に重要文化財に指定されるにおよんで、地元の陶磁器研究家たちが問題にしました。国会でも問題になって、再調査をしようということで、1960（昭和35）年の2月から調査が始まるわけです。その調査にあたって、科学的な鑑定の一部を私もお手伝いをするということになりました。

永仁の壺の蛍光Ⅹ線分析による非破壊調査

　最初に疑ったことは、模作した古瀬戸というのは、時代として6、700年前のものですから、その頃のものと現在のものとを比べてみれば、釉薬が違うのではないかということでした。だからほんとに古瀬戸のものがあれば、そのものと、この永仁の壺とを比べてみて、釉薬がもしにせものならば違うんじゃないか。そこを手掛かりにして鑑定できるのではないかと思ったわけです。そしてさらに重要なことは、それがにせものであろうがほんものであろうが、それだけの評価をされるものですから、まず、壊さないで、非破壊で調べなければいけないわけです。

　松留窯はまったく架空のものですが、古瀬戸の窯跡はたくさんあるわけです。そこから出てきたという破片を、出光美術館からたくさん借りてきて、それをまず調べる。それから、この松留窯から出たという、加藤唐九郎が持ち込んだ破片、そのものも同時に持ってきて、調べたわけです。調べてみると、釉薬の成分には差がない。そういう面からではダメだということになりました。

　こういうにせものなどを調べる場合に重要なことは、簡単に諦めてはいけないということなんです。それだけ地元で騒ぎをするんだから、カラクリがあるに違いないと思ったら、寝ても覚めてもそのものを眺めるなり、いろんなことをして、いろんな角度から見てみる必要があると思うのです。

　国の、いま文化庁の直轄研究所の一つになっていますけど、東京国立文化財

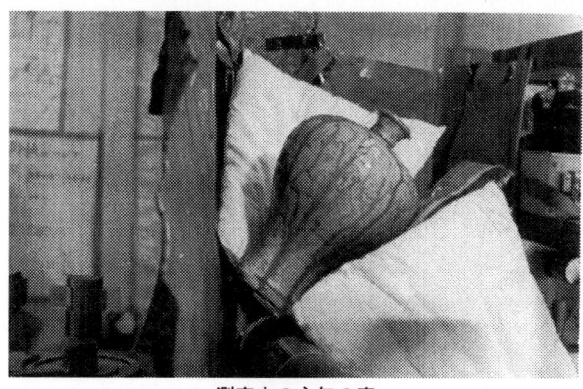

測定中の永仁の壺

研究所の江本義理（よしみち）さんと組んで、私がいた理学電機という会社で、その破片の蛍光X線の分析の測定結果を、どこかになにか違いがあるに違いないというわけで、二人で眺めていたわけです。

　はたと気がついたのが、ストロンチウムとルビジウムという元素なのです。ストロンチウムというのは石灰のカルシウムと同じ仲間で、カルシウムがあればカルシウムのうちの1％とかコンマ何％ですけれども、ストロンチウムが必ず自然界には共存しているものなんです。それからルビジウムのほうは、アルカリ元素でナトリウムとかカリウムの仲間です。これもおそらく釉薬には木の灰にしたものを使ったりしますが、それらに含まれているカリウムに、何％よりもっと少ない割合ですが、必ず含まれているんです。このストロンチウムとルビジウムとの割合が、松留窯の破片と、ほんものと思われるところの古瀬戸とかまど跡の破片とでは明らかに違うんじゃないかということに気がついて、いままでにとったデータを詳しく調べてみました。たしかに松留窯跡と、本当の古瀬戸の窯跡の破片とはストロンチウムとルビジウムの割合が違うのです。この差を見ればわかるのではないかということになったのです。

　このほかにも古瀬戸のほんものというのは、たとえば白山神社（岐阜県白鳥町）に何のたれべえがどういうことで奉納したという伝承の書き物が残っていて、その品物が残っているというものがいくつもあるわけです。そういうたしかなもので重要文化財や国宝に指定されているものがあります。それから、いまの唐九郎がつくったと思われるもの、それ以外にもにせものづくりがいて、つくったと思われるものがいくつかあるわけです。それも重要文化財に指定されたり、あるいはそれに準ずる取扱いを受けているものを、かれこれ20点ぐらいを、1960（昭和35）年に、自動車に乗せて、東京国立博物館のある上野から出発して、立川の先の拝島の工場へ運んで、壺の測定用の特別な装置をつくり、測定をしてみました。

　そうしましたら、表に示しておきましたが、われわれが予測したとおり、ストロンチウムとルビジウムの割合が、永仁の壺とか狛犬とか偽作であると思われていたものは全部大きい値になり、伝承がはっきりしているほんものは小さい値になったわけです。偽作でも、これは怪しいと思われるものでも、唐九郎

表　古瀬戸完形品の蛍光X線分析調査
（「文化財をまもる」アグネ技術センター刊より）

試　　料		SrKα/RbKα		底SrKα/RbKα	備　　考
イ	四耳壺	6.20	5.58		不　詳
ロ	瓶　子	5.80	7.22		〃
ハ	狛　犬	6.06	5.15		〃
ニ	狛　犬	2.59	1.65		伝世品
ホ	瓶　子	2.70		0.55	山北出土
ヘ	破　片	1.55			瀬戸出土
ト	瓶　子	1.09		0.22	鎌倉出土
チ	水　注	18.8	8.22		不　詳
リ	瓶　子	2.04			鎌倉出土
ヌ	瓶　子	5.08			不　詳

注）不詳とあるのは、故事来歴が明らかでなく松留窯出土と
称されるものである。

ではないものがあるのです。そういうものはまったく違う釉薬を使っているものがありまして、明らかに違うのです。

　これらのことを調べる手段として使ったのは蛍光X線分析という測定方法です。それを使ってX線を壺に当てると、調べるものを壊さなくても、この壺の中に含まれているいろいろな元素に特有のX線が出てきます。それを調べて決めるわけです。

　そのほか傷のつきかたにも注目しました。古いものと新しいものとでは、傷のつき方が違います。いろいろ傷がつくわけですが、新しいものは鋭いんですね。それは普通の顕微鏡ではなくて、位相差顕微鏡といって傷の深さなんかをはっきり見る顕微鏡を使って調べてみますと、明らかに永仁の壺についている傷は鋭い傷なんです。古いものの傷というのは磨滅した傷なんですね。

　とやかくで、結局、1961（昭和36）年の3月に重要文化財の指定が解除になり、一件落着しました。小山さんはそれで辞職をして、だいぶ前に亡くなられましたけど、陶芸家としてもなかなかの人だったようですが、何かとそしられもしたし、騙されもして、ずいぶん苦い思いをされたと思うんです。

もう一つ、私たちがこの永仁の壺を測定したときに見てわかったことは、釉薬の垂れかたなんですが、これがちゃんと道をつくって垂らしているんですね。それもこの決定にあたって、「釉薬の流れ方は、古いものの自然の流れに比べ、作為的な点がある」とされているのです。作為的につくったものですね。小山さんは、唐九郎が持ってきたんだからということで、うかうか信じたんでしょうけれども、疑う気で眺めればおかしいということは、そのとき気づいたかもしれませんが、それは後の祭だったわけです。

　この永仁の壺が出てきたのは、1943（昭和18）年ごろのことですけれども、そういう時代にいま私が申したような鑑定ができたかというと、それはできなかった。蛍光X線分析という、物を壊さないで、非破壊でそのものにどういう元素が含まれているかということを調べることができるようになったのは、非常に新しいことであって、日本でできるようになったのは昭和でいえば31年ぐらいのことですね。江本さん自身はそのときには装置がなかったので、当時私がいた会社で装置をつくってそれでやったわけです。この鑑定の結果、その後、国家からかなりの予算がついて、装置を買ったというようなこともありました。こういう装置がなければ、非常に間接的な証拠しかなかったわけですが、蛍光X線分析の結果が決定的な証拠になったわけです。

青銅器の分析

　アメリカにフリアという有名な博物館があって、そこにたくさん東洋陶器のコレクションとか、東洋青銅器のコレクションがあります。そのフリア博物館では、底にドリルで細い穴をあけて、試料をとって、化学分析をして、所蔵品のかなりのものについて調べて、そのリストを出しています。青銅というのは銅と錫と鉛の合金で、銅に対して錫が10％ぐらいと、鉛が5％ぐらい、必ず入っています。それ以外に砒素だとかいろんな不純物が入っています。だけど、成分的な決め手は、亜鉛がもし1～2％以上入っているようなことがあれば、その東洋の青銅器はまずにせものと考えていいということです[編注]。怪

（編注）その後の調査で亜鉛が1～2％以上含まれる中国のものも発見された。

（左）金銅造観音菩薩立像
（右）同像をコバルト60のガンマー線によって透過撮影した。肉薄のきれいな湯流れの写真は、新しい鋳造技術によるものだということを示している。

しいと思われるものについてやってみると、成分的には怪しいということになる。それだけが証拠ではないのですが、一つの決め手とはいえます。

　われわれも、あちこちの博物館からいろいろな青銅器を借りてきて測定しました。そのなかで意外だったのは、中国の殷や周の時代の青銅器についてですが、そのなかに角（かく）という飲酒の器があって、それに蓋があるのですが、解説書には「蓋の雀の表現もたくみである。底は卵形で、殷末の器の特徴をよくあらわしている」と書いてあります。測定してみたら、蓋は亜鉛の鋳物でした。

金銅仏に取り組む

　金銅仏という小さい鋳物がありますが、金銅仏を調べるときの決め手は、一つはX線を透視してやります。透視すると、昔の技法で作られているか、近代のものか区別がつきます。最近作ったものは技術がいいから巣がないわけで、肺結核と同じで、結核の胸の空洞がないのです。ところが昔のものは穴だらけなんです。そういうことが一つの決め手。それからもう一つの重要な決め手は亜鉛です。にせものと思うものを蛍光X線で調べてみると、たいてい亜鉛が

入っています。いろんな古クズを合わせて溶かすわけですから、どうしても入ってきちゃいます。

　亜鉛がアジアで使われるようになったのは、だいたい15五世紀ぐらいから。しかし、ヨーロッパでは、ローマとかイスラエルとかあのへんのものは、逆に亜鉛の入ったものはたくさんあるし、鉱石そのものに亜鉛が入ったものがありますから、真鍮のものもあります。ローマのものとかイスラエルのものとかは、亜鉛が入っていていいわけなんです。だけど、少なくとも東洋の、中国とか日本のものでは、亜鉛が1～2％以上入っていればそれはにせものといって差し支えない。

　もう一つはサビを人工的につけるということをやるわけです。それもちょっと水をつけて擦ってみたらサビが落ちるというようなのは、もっとも下の下であって、もっとうまいのは、これは殷・周の青銅器とそっくりなものですが、このサビの一部を拡大して顕微鏡で見てみると、銅のサビのもとになっている鉱石を砕いて潰して、そいつをねりあわせてサビをくっつけている。

　こういうものの鑑定というのは割合やさしいほうなんです。たくさんのデータがありますので。だけど、さっきの金銅仏にしても、持ち込む人はそれは本物だと思っているわけです。そういうときにどうやってお引き取りを願うかというのが難しい。「たいへん結構なものを見せていただいて、目の保養になりました。大事なものだから大切にしまっておきなさい。やたらに売ったり（たいてい先祖から伝わっているとかなんとかいうわけですから）、バチ当たりなことをしちゃいけませんよ。大事にしまっておきなさい」というようなことで。「ああそうですか。そんなに結構なものですか」といって、お引き取り願うというのがコツだそうです。

　いまお話したのはみんな私たちが出会った事件です。

写真転写だった「猫」

　簡単ににせものだとわかるものもありますが、意外になかなかわからないものがあるわけです。いくつかのお話をすると、比較的最近の話では、藤田嗣治の「猫」の絵で、これもにせものがたくさん出回っています。

藤田嗣治の絵というのは非常に細いタッチで、この「猫」の絵が、本物であるかにせものであるか議論になったんです。にせものだとすると、こういうものをつくった技術というのは、一つは写真転写（製版）をしてやったに違いない。だとすれば、写真に銀があるはずですね。ところがその銀をなんとか調べたいが、非破壊でなければいけません。この場合、この絵を東海村の原子炉に入れたのです。原子炉のなかから出てくる中性子というもので照射すると、銀が放射能を帯びるんです。嗣治の作品を何点かと、怪しいんじゃないかというものをみな入れて調べたわけです。そうしましたら、はっきり銀が出てくるんですね、銀のスペクトルが。これはやっぱりにせものだということになったのです。
　それから、西洋で有名なのは、レンブラントだとかルーベンスだとか、そのころの絵を模作したりするような事件。でも絵の場合には、非常に難しい面があるんですね。というのは、昔の古い絵の具を使って、古いカンバスだとか古い画材の上に描くと、なかなか材料の点だけではわからないわけです。
　技法ということになれば、やはりレンブラントとかルーベンスなどいろんな人の絵を、これもまたX線で透視したりする。X線でも透視の技術がいろいろありまして、透視すると、絵の下地にどういうものが描いてあったか、どういう筆タッチであったかということが出てくるわけですね。
　X線で透視する、あるいは紫外線を使ってみる。赤外線を使って写真を撮ると、たいてい一気に描いているということはなくて、下絵があって、それを描いたり、また直したりといろいろやっているわけですね。そういうような、いろいろな観点から調べて、このものがにせものであるとか、にせものでないとかということを判断を下していくわけです。
　有名なドイツのナチス時代のゲーリング元帥が持っていたコレクションが、ほとんどにせものだったという話がありますけれども、はっきりつくった人がいるような場合は別ですが、そうでない場合には非常に難しいことがあるんです。私たちも日本にあるレンブラントのエッチング画を、X線を使って調べたことがありますが、これもなんともいえなかった。結局、なんともいえないということでおしまいになりましたけど、絵の場合には非常に難しいんです。

それからもう一つ、絵の場合には難しいことは、絵というのは、たとえば壁の上に描いた絵でも、それをカンバスに移し替えることができるわけです。日本画だとできないのですが、油絵の場合だと、絵の上に補強材を重ねて、こちらに壁をつくってやるわけです。そうしておいて裏の壁をこわしていく。絵の具が出てくるところまで丹念にこわしていきます。そうして、カンバスならカンバスを張り込むわけです。そういう技法がありまして、1920年ぐらいからいろいろやられるようになった。だから、壁に描いてあったはずなのに、カンバスの上に乗っているからにせものだというわけにはいかないんですね。そんなことで非常に難しい面があるんです。
　それから、もう一つの決め手は絵の具なんですが、明らかに昔の絵の具と現在の絵の具というのは変わってきています。ですから、現在の絵の具を使っているということがわかれば、修復しているとか、あるいは別な人が描いたものだということがいえるわけです。たとえば、白でも、昔は鉛白といって塩基性炭酸鉛というようなものを使っていました。日本の場合には、カキなどの貝がらを焼いて砕いた胡粉や、白土などを使っているわけです。現在では、酸化チタンを使ったものとか、あるいは、さっきも出てきました酸化亜鉛の粉などを油でねったものを使っていますから、こういうものをもし使っていればそれは新しいものです。
　赤とか黄色は、カドミウムを使ったものがありますが、もしカドミウムが出てくれば、日本でいえば1935（昭和10）年ぐらいからの絵の具ですから、もしそういうものが明治ごろの絵に使ってあれば、それは明らかになんらかの手が加わっているということになるわけです。外国の場合だと、レンブラントとかいろんな人のパレットが残っていますが、日本の場合にはあまり残ってないんですね。そういうこともあって、なかなか難しい問題なんです。

人工ダイヤモンドの話

　あと有名な話はいろいろあって、一つはダイヤモンドにまつわる話です。ダイヤモンドというのは、最近は人工でできるようになって、工業的には人工ダイヤというのも沢山使われるようになりましたけれども、人工でダイヤモンド

をつくろうということは、昔からいろいろやられていました。フランスのモアッサン、この人は1906年にノーベル賞をもらった有名な科学者です。モアッサンは、天から落ちてきた鉄とかニッケルの合金でできている隕石のなかに、ダイヤモンドが見つかるということをヒントにしたのです。

　鉄とかニッケルが高温で溶けて、その中に炭素が溶け込んでいて、それが急激に冷えて固まったときに圧力がかかってダイヤモンドができるのではないかといわれてきました。同じことをやってみようということで、モアッサンは鉄とニッケルの合金をつくって、その中に炭素を含ませ、それを温度を上げておいて、ジャッと冷やし、それをたち割ったら、ダイヤモンドができないかと盛んに実験をくりかえしたわけです。ところが、何回やってもできなかったのですが、ある日、突然できた。「できた、できた」というわけでそれを発表し、モアッサンは本当に自分はダイヤモンドをつくった、自分の予想は当たったと、死ぬまでそう思っていたのです。皆がそれを調べてみると、たしかに天然のダイヤモンドなんですから、かなり後まで、モアッサンはつくったんだと思われていました。

　ところが、後日談があるのです。モアッサンがあんまり熱心にやっていて、できないと落胆するので、弟子たちが気の毒に思って、本物のダイヤモンドをすり潰して、実験炉の中に一緒に入れておいたわけです。それをある日取り出して、モアッサンはほんとに自分がつくったダイヤモンドだと思って報告したというようなことで、あとで弟子がそのことを奥さんに懺悔するといった話があります。そのモアッサンのダイヤモンドというのはたしかににせものです。理論的に考えても、もっと高い圧力がかからないとできないということだったのです。ですからそのときに「おかしい」という議論はあったわけですが、モアッサンほどの科学者が嘘をいうはずはないということで、そういう説は退けられたわけです。

　一方、同じようにイギリスの人でハネーという人が、やはり鉄のパイプの中に松脂だとかいろんなものを入れて、反射炉のなかで高温に熱してダイヤモンドをつくったということがあります。

　1950年ごろですが、ロンスデールというイギリスの有名な女性のX線研究

家が、最初にハネーのダイヤモンドをX線的に調べて、これはたしかにダイヤモンドのⅡ型というもので、自然界でも非常に珍しいものだから、ハネーは合成に成功したに違いないということになった。ところが、またそのあとでロンスデールがいろんな研究をして、当時、アメリカのGEが人工ダイヤをつくることに成功してたんですが、人工でつくったダイヤを調べてみると、X線的に違った特徴を持っているんです。そういうことからいうと、ハネーのダイヤモンドは人工ではないんじゃないかということで、ロンスデールは最初に肯定したのを、次にまた否定をするということになった。いまでもハネーのダイヤモンドというのは、ほんとだか嘘だかちょっとわからないという状態にいるそうです。

　なぜ確信できないかというと、でも怪しいんじゃないかというのが大勢を占めているという話です。科学の論文というのは、あとの人がその人がやったあと、その論文を見て追試をして、そしてたしかめることができるという条件を、論文のなかに書き込んでいなければいけないということになっている。ハネーだとかモアッサンの実験を追試してみると、何回追試してもダイヤモンドがつくれたという話はないわけです。そういうことからいっても、ハネーのやった条件ではできなかったんではないかといわれています。日本でも本多光太郎なんかもダイヤモンドの合成を手掛けているんですが、もちろんできていない。そういうことにまつわる事件はいろいろあります。

にせもの原人"ピルトダウン人"

　これまでにお話したことは、いかにも順調に、ほんものかにせものかはっきりしているというように受け取られたかもしれませんが、実際にはそうではありません。たとえば、モアッサンやハネーのことにしても、それがおかしいと思った人たちは、権威がいうことに対して、どうして生意気な若造たちが異議を唱えるのかということで、ずいぶん悔しい思いをしました。

　ピルトダウン人といって、イギリスで発見された非常に有名な原人がありました。これを発見したと称したチャールス・ドーソンという人は弁護士でありアマチュア考古学者だったのですが、その人が1911年に発見しているのです

が、これはかれがつくった真っ赤なにせものでした。大英博物館の人類学の権威もいろんな研究をして、これはまさにイギリスで発見された大発見だといって、お墨付きをあげるわけです。

　ところが状況証拠からいって、そんなところから原人の骨が出てくるはずがない。いろいろ異を唱える人がいたのですが、結局退けられて、戦後、1950何年ぐらいから科学的な手段で調べてみようということになりました。調べた結果、古くみせるためにクロムの化合物で骨を染めていました。顎の骨は50年前の新しいオランウータンのもので、上のほうの骨は1万年ぐらい前の人間の骨を削ってつくったものであるということがはっきりするんです。それにいたるまでは、にせものだといった人たちは、生意気なことをいってといわれてきたのです。そうはいわれながらもおかしいといって、いつか決定的な証拠を科学的ににぎれるにちがいないと、主張を曲げないでがんばってきたわけです。

　はじめに述べた白鳥事件もそうですが、やはりおかしいと思ったら、それをとことん突き詰めていく。にせものを見破るためには、科学的な手段の発展ということももちろん重要ですけれども、その前にそれを追い続けていく人間の探究心が一方でなければ、決してにせものを見破っていくことはできないのではないかと思うんです。

　どんなに権威のある人がいっても、怪しいと思ったら、懸命になって、いろいろ悪口をいわれながらも追究していくことが大切です。とりとめのない話ですが、これで終わりにします。

（1986年4月18日新宿文化センターにて）

参考文献
『文化財をまもる』：江本義理著，アグネ技術センター，1993年
『真贋　美と欲望の11章』：白崎秀雄著，講談社，1965年
『偽作の顚末　永仁の壺』：松井覚進著，朝日新聞社，1990年
「芸術新潮」特集　贋作戦後美術史：1991年11月号
『日本の陶磁器』：林屋晴三著，社会思想研究会出版部　現代教養文庫，1959年
『過去を探る科学－年代測定法のすべて』：鈴木正男著，講談社ブルーバックス，1976年

白鳥事件の弾丸

　白鳥事件の物証は、検察側が出してきた3発の弾丸である。第一審で札幌地裁から鑑定を委嘱された著者は疑念をもった。それは科学者の直感である。事実を語る勇気をもった長崎鑑定が問題提起となって、以後20年間、証拠弾丸が検察によって作られたものであることを立証する研究と実験がつづけられた。採録した文章は札幌高裁が再審請求申立を棄却決定（1969年6月）してから、最高裁に特別抗告する間の執筆である。

　白鳥事件は1952（昭和27）年に起きた。講和条約発効の年の1月である。

　第二次大戦後日本はアメリカの「民主化」政策により軍国主義的抑圧から解放されたかのようであったが、1940年代後半になると内外の情勢は緊迫化した。

　1949年、団体等規正令の制定、官業、民間労働者の大量首切りと平行して、下山、三鷹、松川事件と奇怪な事件がつづいて起き、10月には新中国が成立、アメリカの対日政策は大きく転換した。1950年6月に朝鮮戦争が始まり、警察予備隊の創設、1952年7月には破壊活動防止法が成立、この年は公安事件、騒乱事件が多数発生した。これらの事件は捏造であったり謀略であったことが明らかになり、のちにほとんどの事件が無罪判決を受けている。しかし、事件が起こるたびに繰返される反共宣伝や組合活動への弾圧や攻撃により、国民の自由と権利をまもる運動は一時的に後退せざるを得なかった。

　白鳥事件はこのような背景のもとで発生した。事件直後から数十名が逮捕され、容疑者が二転三転したのち村上国治が逮捕された。実行犯人は不明のまま村上国治は共謀共同正犯で起訴され、一審判決で無期、二審判決で懲役二年、最高裁判決で上告棄却となった。1965年10月、札幌高裁に再審請求をしたが棄却、最高裁への特別抗告も棄却決定（1970年5月20日）となった。

裁判と科学
―白鳥事件弾丸鑑定のあゆみから―

1. "裁判と科学"の研究集会

"本邦初演"の試み

　白鳥事件の再審請求が棄却されてから2年になる。現在、これに対し異議申し立て中であるが、裁判所は夏休み前には判断を下したいといっている。白鳥闘争にとってこのような重大な時に、事件発生の地、札幌で"裁判と科学"と題する研究集会が、5月20日、日本科学者会議北海道支部と白鳥事件対策協議会北海道支部との共催で開かれたことは、きわめて意義深い。

　会場にあてられた北大農学部講堂は補助椅子を動員してもなお立つ人がでるほどの盛況で、参加者は300人に達した。

　朝10時半から夕方5時まで、途中昼食の1時間をはさんで正味5時間半"裁判と科学"の関係は現状いかにあるか、そしていかにあるべきかについて、戦後の謀略、デッチ上げ、えん罪事件、白鳥、松川、菅生、芦別、八海、青梅等の経験を交流しながら報告、討論したのであった。

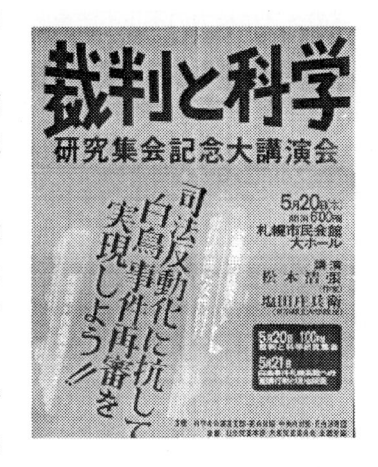

　弁護士、法律学者、科学者、そして活動家、関心をもつ大学の職員、学生を含めた一般市民、このような人たちが一堂に会して研究集会が開かれたことは"本邦初演"であるばかりでなく、世界でもはじめての試みであろう。

　つづいて、秋には東京で研究集会を開くことを予定し、準備されている。

研究集会の詳細については主催者によって報告集が準備されているのでそれにゆずって、指摘された問題点の二、三を記しておく。

権力は"もの"の論理を屈服させることはできない

まず第一に、権力犯罪によるデッチ上げ事件は、物証、つまり物的証拠の追究によってはじめて真理をときあかすことができる、つまり権力は人を屈服させることは時としてできるけれども、ものの論理を屈服させることはできないということである。松川事件をはじめとして菅生、芦別、八海、青梅もそうであった。"もの"がもっている道理はいかなる権力でもねじまげることはできない。ただそれをいろんなやりかたでごまかすことはできる。

これに対し、"人の言葉"というものがいかにあやふやなものかがこれらの謀略、えん罪裁判を通じて明らかにされている。

科学のメスは権力の不正不法をあばく

第二は、権力がいかに不正不法な方法で真実をゆがめて無実の罪人をつくりだしてきたか、それを科学のメスを入れていかにしてつきくずしてきたか。その結果、たとえば松川事件などは14年かかって誤った裁判を訂正させるというところまで押しもどすことができた。科学にもとづく正しい判決を導きだすことができた積極的な経験について、数多く報告された。

一方、白鳥事件のように、真実の勝利までまだゴールインしていないけれども、しかし判決が確定したあとで国民的運動がひろがりもり上がり、それと結びつき支えられながら科学的究明も発展してきたというふうな経験もある。お互いの経験を学び合うことによって次に備え、次によりよく闘うことができる、あるいはさらに進めば将来こういう間違った不正な裁判をやらせないというふうに予防することができる。そういう見通しが経験の交流の中から開けてきたという感慨を参加者が深めたことである。

科学を裁判にどうしたら生かせるか

第三は、そういう中で科学者は何をしてきただろうか。科学者はいつも正し

いとは限らない。専門家と称する非科学者がしばしば世間を大手をふってまかり通っている。まちがった鑑定をする、無責任な鑑定をする、権力に追随して真実をねじまげた卑屈な鑑定をする、そういう"科学者のあり方"がきびしく糾弾された。

そして結局、科学者が正しくあり得るためにも、裁判が正しくあり得るためにも、それを決定する最後の力はやはり人民大衆の力、人民大衆の世論というものであり、そしてそれを現実の力に変えるためには組織力やねばり強いたたかいというものがどうしても必要だ。

科学を裁判に生かし、それを現実のものにするためには、検察庁が倉庫の中に隠している証拠物や、警察が自分自身で作って出さないでいる調書などそういうものを一つひとつ、明らかにし、明るみにひきずりだして科学のメスを入れる所までもちだしてくる。これはいくら正義の味方だといっても弁護士だけではできない。科学者もできない。どうしても人民大衆のひろい組織された力、結びつきに支えられることによってでなければ力をふるうことができないということであった。

2. 白鳥事件における"裁判と科学"

白鳥事件の発端

昭和27年（1952年）の1月21日夜、札幌市内の路上で、北海道警の白鳥警部が、後ろからつけて来た自転車の男に射殺される。現場からは発射銃器のものと思われる薬莢が一つ出てくる。翌22日には北大で解剖が行なわれ、体内より弾丸が1個摘出される。これは、今日「206号」といわれ、事件の唯一の物証という3発の弾丸のひとつとなる。

白鳥警部射殺現場

昭和27年は多くの事件が発生した年である。4月にはサンフランシスコ平和条約が発効し、5月1日にはメーデー事件、6月2日菅生、25日吹田、7月29日芦別と謀略事件が相ついで起こる。25年に起こった朝鮮事変も膠着状態に入っている。

薬莢と弾丸は科警研の鑑定により発射前、一体をなしていたと結論される。10月1日には村上国治氏が札幌市内で別件で逮捕され、以来、44年11月仮釈放になるまで17年間不当に勾留されることになる。

ニセ弾丸の誕生

11月17日、佐藤直道は「白鳥警部を撃ったのは佐藤博であり、命令者は村上国治だ」と供述して、デッチ上げの杭打ちが始まるのである。

翌28年8月、高安知彦は高木検事の取り調べに「1月上旬（27年）札幌郊外の幌見峠で、ブローニングで5人の仲間と雪の上の枯葉をねらい射撃訓練をした」と自供する。スワッと高安をつれて19日山がりをする。目的の発射弾丸1個を見つけ出す。検証調書によれば、この弾丸は「弾頭から側面にかけてニッケル色を呈して光沢あり、一見左程変形していない。尾底部は相当変形し凸凹あり、一部灰白色に変色している……」と記されている。「207号」弾丸、幌見峠に発射後19カ月埋まっていたと称するものの発見の記録である。

206と207が果たして同一銃器から発射されたものか、銃器は何か、発見直後の8月21日検察官から科警研に鑑定が依頼される。科警研は高塚泰光作成の鑑定書を9月14日付で提出し、次のように答えてくる。

「……206と207は発射痕特徴に極めて類似した点が発見されるが……207が206を発射した銃器から発射されたものと直ちには断定することは出来ない」と検察側の期待に反した答えを寄せてくる。この鑑定書は、43年6月弁護団の強い要請により初めて検察側から提出される。

翌29年4月30日には再度幌見峠の捜索が検察側の手によって行なわれ、発射後、27カ月埋まっていたという「208」号が発見されることになる。捜索記録によれば、「石塊、落葉等が多く含まれている腐食土下約2センチの所に頭部を上に向けて埋っていた」ことになっている。また「……溝の部分はニッケ

ルメッキの残りのようなニッケル色が残っているが、その他の部分は全体色は真鍮色、黒ずんだ色、鈍い光沢をおびた所が入りまざり……」(原文のまま)と記している。

206、207、208の3発について、翌々日の5月2日、検察官は発射銃器の同一性について科警研に鑑定を依頼する。これに対し、またまた期待に反した鑑定結果が7月30日付で出されてくる。すなわち「同一銃器によって発射されたと認定するに足る程度の類似発射痕特徴を発見し得なかった」のである。この鑑定書も43年6月まで検察側により隠とくされ、再審で初めて提出される。

磯部鑑定の登場

一方、昭和30年7月9日、事件発生後3年半、はじめて外部の銃器鑑識の"専門家"というふれこみで、東大、工学部の磯部孝教授が登場してくる。科警研の鑑定結果に困ったのであろうか、高木検事は磯部教授に「3発の弾丸が同一銃から発射されたものかどうか」という鑑定を委嘱する。そして問題の磯部鑑定書が11月1日付で提出されてくる。鑑定書は検察側の期待に応えて次のように結論する。

「……3発の弾丸を発射するに使用された銃器はいずれも公称口径7.65ミリ・ブラウニング自動装填式拳銃または同形式の腔綫(ライフル)を有する拳銃である…」。さらに比較顕微鏡により3発の綫条痕を比較対照した結果、「極めて類似する一致点が3発の間にあり、仮に異なる銃器から発射されたとするならば、現弾丸に見られる如き綫条痕の一致の生起する確率は極めて小さく、大きく見積っても0.000000000001(1兆分の1)より小さいことが認められる」と結論するのである。

この鑑定は、再審の証人尋問で、検察側の紹介で、米軍のCIDのゴードン曹長が撮影した写真とメモによったものであることが暴露され、完全に証拠価値を失ったかに見えたが、二審より一層の重みをもって再審棄却決定理由を支えている。

磯部教授が拳銃鑑識について全くの素人であり、また拳銃についての初歩的な知識も持ち合わせていなかったことは一審、再審の証人尋問で自ら告白して

いる。一審の尋問で裁判長が「ブローニング」と一番先に名前を出すのはどういうわけか（ほかにもたくさん7.65ミリ拳銃はあるのに）と聞くのに答えて、磯部教授は「別に深い理由はない」と答え、さらにブローニングとなぜ特定したのかと追及されて、「……本なんかも参考にしてこの言葉が一番最初に浮んだのでこう書いたわけです。特にこの言葉がどうこういう、そういう意味で書いたのではありません」と証言している。ブローニングとは単に7.65ミリピストルの代名詞のつもりにしかすぎなかった、のである。

　また弁護人の質問に対し「（拳銃についての）予備知識は持っていないし、また弾の実物も見てない、どういう形状のものを使うかも知らない」と無責任きわまる放言をしてはばからない。

　類似という言葉と一致ということをどう使い分けているかと弁護人から追及されて「…言葉をはっきり区別して書いたつもりはないんです」とこれまたおよそ科学者らしからぬ答弁をしている。

似ているとは―カブト虫とトンボはどこが似ているか

　余談になるが、一昨年の夏休み前、当時小学校3年になる次男が「先生は全くわかっていない」とさかんに憤慨していたことがある。「カブト虫とトンボ、ハチについて似ている点はどこか」という理科のテストが事の起こりである。3年坊主は「カブト虫の羽はかたいが、トンボとハチの羽は……似ている」と書いたら先生はバツをつけたと文句をいう。先生のいう正解は、それぞれ羽が4枚、足が6本だから似ている、ということだったらしい。息子の言い分は、同じ昆虫だから、4枚羽で、足が6本なのは共通した特徴で、似ているといった種類のことではない。似ているとは同一のように見えても、よく見ればどこか違っているということを言うのだと憤慨するのである。3年にしては生意気だが、ひと理屈ある。

ブローニング拳銃弾の特徴とは何か

　弾丸に話を戻そう。3発ともブローニング7.65ミリ口径から発射されたものなら、内外の銃器鑑識書のデータが要求しているように、弾丸に刻まれた口径

はコンマ何ミリ以下の桁で合っていなければいけない。またライフルは右回転で6本、そして弾軸となす角度は約5度半、ライフル幅は1ミリ内外のはずである。これらはおよそ、ブローニング7.65ミリ口径から発射された弾丸なら共通したデータなのである。

したがって、これらの数値が磯部鑑定でいう精度で一致していたとしても、同一銃器から発射されたという保証にはならない。のちに東大の原善四郎助教授が指摘したように、幅と角度のわずかな差、測定のバラツキをこえた、わずかの有意の差、製作ロットによる差こそ、同一ピストルか否をきめる重要な手がかりの一つなのである（1935年のメーカーのカタログによると、最も有名な1910年型は当時すでに100万挺売られていたという）。

これに対し、やれビビリだ首ふりだと、これらのデータはバラツいてあてにならないと磯部証人もいい、再審でも取り上げている。これは、単なる空想にしかすぎないが、もし実証するならば、権力にとっては、10発でも100発でも試射してみることは可能のはずである。そしてわれわれの反論を文句なしに事実をもってたたきつぶすことが出来るはずである。

磯部流にいえばヒトデもキキョウも同類である

磯部鑑定は都合のいい類似点だけを取り出して確率計算をするという初歩的な誤りもおかしている。翌31年の8月13日の証言で、北大の宮原将平教授はこの致命的な誤りを指摘している。

「図形が似ているとかいないとかいうような主観的なものを客観的に表わそうとするとき、図形の中の一致する二、三の特徴だけをぬき出すととんでもない誤りを生ずる」と宮原教授は説明する。卑近な例として、海にいってヒトデを拾ってくる。これと庭に咲くキキョウの花を比べてみる。この二つを形状だけの異同を磯部流の確率論で議論するといかにナンセンスな結論が出るか明らかである。

ヒトデもキキョウの花も、ともに五つの突起があって星のようにみえる。更にこの角度を測ってみる。その相互の角度はほとんど108度である。ヒトデのようなものが五つの突起があるかどうかはあらかじめ決まっていない。いろい

ろの動物の中には突起が三つあるもの、五つあるものもそれ以上のものもある。したがって磯部鑑定書と似たような考え方をすると、1から10まで任意の値をとり得るものと仮定できる。ヒトデが五つの突起をもつ確率は1/10、キキョウについても同じように1/10なりの確率を出すことができる。そうすると二つのものの間には何ら関係がないから偶然にこれらのことが起こる確率は1/10×1/10で1/100となり、偶然に一致したと考えられる確率はきわめて小さい。

お互いの突起の間の角度についても同じことがいえる。結局、ヒトデとキキョウの花は「きわめて近い類縁関係にある」というとんでもない結論がでてくる。「異なった生物の間に、このような一致を見る確率はきわめて小さく、大きく見積っても1兆分の1より小さい」という磯部鑑定と同様な結論が出てきてしまう。

大学には専門家がいなかった

31年春、裁判所はいくつかの大学に腐食についての鑑定人の推薦を依頼する。東工大は4月24日付で「拳銃腐食の専門家がいない」、早稲田大学は4月27日付で「適任な教官がいない」ことを理由にことわる。京大も同じ理由で、東北大は「地理的に離れている関係で」ことわるといってくる。再度依頼すると今度は東北大は「造兵学専門の教官がいない」とことわってくる。

シンポジウムでも多くの人から指摘されたが、かかわり合いをきらって事務段階で処理してことわってくる。またたとえ鑑定を引き受けてくれても、責任のある鑑定をする人がいかに少ないかという事実を物語っている。

長崎鑑定は何をいったか

31年の8月、筆者あてに、二つの弾丸の腐食状態と、腐食土の中に19カ月、あるいは27カ月埋まっていたということとの間に因果関係があるか否かの鑑定を裁判所は求めてくる。私は35ミリフィルム用のアルミの空きかんに黄色くなった綿に無雑作につめられ、ハトロンの封筒に入れられた弾丸2発を渡される。こんな粗末な扱いをされた2発の弾丸が、これほどの大事件（正式には

裁判と科学

土中に19か月埋まっていた　　同じく207号の底 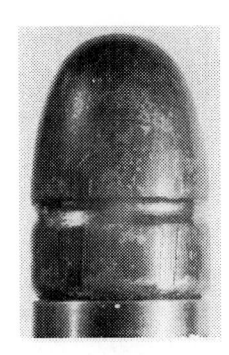　　土中に27か月埋まっていた
という証拠弾丸207号　　　　　　　　　　　　　　　という証拠弾丸208号

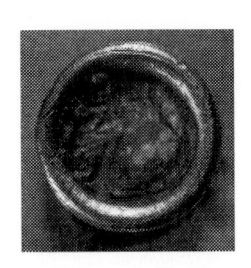

事件が何であるかは知らされていない。ただ当時の『アカハタ』にのった公判の模様から白鳥事件だろうと私は推定しただけである）の唯一の物証だとはとてもみえない代物であった。

　10月5日に提出した鑑定書では「両弾丸とも苛酷な腐食作用の存在する環境（土壌中のような）に長時間おかれてあったとは考えがたい」と結論し、さらに重要な特徴として「両弾丸ともくびれの部分、弾底部の鉛心と接触する部分に、キレイにニッケルメッキが残っている」こと、また「両者の組成、加工の方法にちがいがあると推量される」ことを指摘している。

　このくびれと鉛心部の周縁にキレイにニッケルメッキが残っていることは、後の中国実験、下平・松井の幌見峠での弾丸による現場実験でもこのような腐食のされかたはせず、まっさきにメッキの落ちる所であることが明らかにされている。このことは207、208がニセモノであることを特徴づけている。

　当時われわれは弾丸の野外での腐食について十分な知識をもっていなかったが、しかし弾丸にきざまれた"腐食のシルシ"を正しく忠実に記録することによって、弾丸問題の貴重な出発点となったのである。

　昭和31年10月9日、長崎、増山元三郎の証人尋問は「その必要なし」として却下され、翌32年3月11日、検事の村上への死刑求刑がおこなわれ、7月7日には村上無期の判決が出る。

現場実験を否定し、科学を冒涜する岡本鑑定

二審に入り、再び34年、東北大、東工大、京大に腐食問題について鑑定人の推薦方を依頼するが、一審と同様ことわってくる。困った末に北大で電気化学を専門とする岡本剛教授に7月に鑑定を委嘱することになる。11月20日、問題の岡本鑑定が提出される。これはわれわれにより再三指摘されているように、科学的な鑑定書であるならば、いかなる方法でやったか、その結果はどうであったか、少なくとも多少の記録写真なりが添付されてしかるべきであるのに、腐食孔をみた、ピット状腐食がみえたという言葉の羅列に終始しているたんなるメモにしかすぎない。

しかしこれには、のちに悪用される重要な結論を含んでいたのである。岡本鑑定人は「……ある腐食金属の形態が示されたとしても、それに対応する腐食性環境の種類はきわめて多く、腐食された金属の腐食形態からその金属の置かれた腐食性環境の推定、すなわち腐食の原因を求めることは不可能である」と結論する。この結論は証言でさらにエスカレートして、現場実験をしても腐食の形態はさまざまだからわからないと現場実験を否定し、100年おかれてあったか、1年だったかもわからないといった、科学を冒涜した言葉をはくことになる。

白鳥運動、世界へとひろがる

昭和35年に入り、5月5日弾丸の再鑑定を裁判所は却下して、5月31日、村上に20年の判決が下る。直ちに上告、翌36年1月21日、事件発生後8年目にして初めて第一回の白鳥事件現地調査団が結成され、現地調査をおこない、全国的な運動へと発展してゆく端緒となる。

8月には北大の松井敏二助教授による幌見峠、滝の沢における銅の腐食実験、初めての現場実験の結果が出されるのである。

翌37年には世界の法律家、科学者に、拳銃と弾丸の科学的検討について、磯部鑑定のコピーを添付してアピールが送られる。

8月3日、下平教授の幌見峠でのニッケル棒についての腐食実験が報告される。

翌38年に入って、アピールに答えて、ソビエト、チェコから回答がよせられてくる。チェコからは磯部写真にみる3弾丸の幅と角度の不一致を指摘してくる。これをうけて原助教授は7月下旬夏の暑い中を最高裁のうす暗い資料がゴテゴテつまれた一室に、金属顕微鏡と、工具顕微鏡を持ちこみ3発の弾丸の写真をとり、綫条痕の幅と角度をはかるのである。この測定結果によれば、明らかに「206と207、206と208とは同一ピストルから発射されたとは認めがたい」と結論され、弾丸の科学的計測の第一弾となった報告書が出される。

7月16日から20日まで、幻灯まで使って最高裁大法廷で口頭弁論が開かれるが、10月17日に上告棄却となり、村上国治は網走に送られてゆく。その日は快晴であった。唯一の物証弾丸のもつギマンが、これほど科学者にばくろされ、事件のデッチ上げが立証されたのだから上告は採択されるにちがいないと、裁判に"素人"だった私は傍聴席に坐った。入江裁判長の口から出た言葉は、"上告を棄却する"という地獄からの声とも思える宣告であった。この上告審を契機として、全国白対協も結成され、広範な大衆活動が展開されてゆく。

"裁判と科学"との真のかかわり合いが始まったといえる。札幌に、仙台に、東京に、散らばっていた鑑定人たちが、お互いに腐食についてどのような実験をすべきか、何が問題か、弾丸の綫条痕についていえば、測定の精度を上げるにはどうしたらいいか、内外の測定ではどうしているか、その結果はどうであるか、勉強を始めるのである。

一方さきのアピールに答えて、中国は札幌と気象風土、土質の似た所を選んで実弾を使っての大規模な野外実験を開始する（39年2月7日）。

39年8月には日中の腐食環境、札幌と中国の実験場が腐食環境としてどうちがうかを比較するための実験計画の打ち合わせを行なう。これに基づき、11月14日には日中同時に比較試験が開始される。

弾丸を幌見峠にうめる

翌40年3月には弁護団から提供をうけた発射弾丸（物証弾丸と同種のもの）を幌見峠にうめて現場実験が開始される。

41年10月には、中国から野外実験の結果の報告が届く。弾丸は応力腐食剤

れを起こすことをみごとな写真をそえて報告してくる。果たして日本の現場ではどうか。

41年2月18日づけで「拳銃から発射された黄銅製弾丸の腐食割れに関する実験報告」が下平教授から出される。ここではじめて、応力腐食割れの新事実が、学問的な裏づけをもって発表されたことになる。

弾丸をX線でみる

長崎の「弾丸試料を非破壊でX線を使って分析可能」という実験が物証弾丸と類似弾丸を用いておこなわれ、報告書が出される。これは一審の長崎鑑定、二審の長崎証言で示された可能性を実験をもって裏づけたものである。さらに物証弾丸について、北大の戸苅氏によって精密な実験が遂行され、206、207、208の組成、メッキの違いなどが明らかにされてゆく（昭和43 1月28日付戸苅報告）。

27か月土中埋設実験後の弾丸

同上実験後の弾丸底部

弾丸問題シンポジウム

40年11月5日には、東京の私学会館で関係科学者を中心とした弾丸問題の研究会が開かれ、参加30名。従来の鑑定、とくに岡本鑑定の問題点、腐食に及ぼす各種の因子を、気象面をはじめ、各面からの討議が行なわれる。

シンポジウムの討論を骨子に、宮原、長崎、松井、原の岡本鑑定批判書が出される。完膚なきまでの爆撃が続くのである。

磯部鑑定は米軍の鑑定であった

札幌高裁は42年8月に事実取り調べを行なうことを決定し、11月18日〜21日にわたって下平、原、磯部の証人尋問を東京地裁で開く。ここで磯部鑑定が、実は米軍のゴードン曹長作成のものの丸写しであるという驚くべき事実がばくろされる。

裁判と科学

翌43年1月19日、札幌で岡本証人の事実取り調べ、5月15〜17日には、原、磯部両鑑定人の再取り調べが行なわれる。

ホンモノは割れた

そしてこの5月17日には、第一回の発射弾丸32発を用いての札幌幌見峠での現場実験の結果がまとめられ、幌見峠でも弾丸は27か月以内に、応力腐食割れを起こす（30発に割れが発見された）ことが実証され、実験報告書が下平教授から提出される。

8月5日には、これにもとづき、下平鑑定人の事実取り調べが行なわれる。

科学者も弁護団も、これまでの鑑定、報告で磯部、岡本鑑定あるいはこれによる裁

実験弾丸の応力腐食割れ

判所の判断を完全につぶせたと考えたのである。「堡塁に閉じこもって狙撃してくる敵をわが軍は徹底的にやっつけた」と思ったのである。しかし、相手はビクともしていなかった。

8月、18発の弾丸を再び幌見峠にうめる。再び役立つことがないように、これが無駄骨折になることを確信して。

これらの弾丸は27か月後に掘り出され、厳密な観察をうけ、すべて応力腐食割れを起こしていることが明らかにされ、45年5月4日付の下平、松井実験報告書となる。

この報告が出される前の44年6月18日、札幌高裁は、再審請求申し立て書を棄却してくる。これに対し異議申し立てをして現在に至っている。

たたかいはつづく

この間、同年10月末から11月にかけて、弁護団は補助者たちの協力を得て札幌高裁に比較顕微鏡をもちこみ、3発の弾丸の綾条痕、綾底痕について230枚の写実をとる。また万能投影機を用いて、角度などの精密測定を1週間かけ

て行なう。これらを整理した結果は、従来の磯部鑑定、証言をうちやぶり、最高裁に出されたさきの原報告書の指摘した事実を裏づけるものとなった。これらは昨年9月14日付の原鑑定書（物証弾丸の綫条痕の比較、検討）、10月22日付の「物証弾丸の綫条痕の幅・角度の検討」と題する長崎意見書として提出されている。

これにさきだつ5月4日には前述の下平、松井の幌見峠現場実験の結果が出されている。

現状では、これらの鑑定・報告書に対して裁判所は沈黙している。事実調べを行なおうとする気配もない。

たとえとして適当でないかもしれぬが、裁判所の言い分は一部の探検家、好事家の主張に似ている。スコットランドのネス湖に今を去る何千万年も前の生き残りの恐竜がいると言う。この写真をみよと彼らは黒い影の写ったものをその証拠として主張する。ヒマラヤに類人猿があるいはもっと人類に近いもの、雪男が棲息していると足跡の写真を示す。これらの言い分を追試すべく多くの科学者や探険家が莫大なエネルギーと費用を使っている。観光に役立っているかもしれないが、棲息しているとは実証できないのである。実証できない以上、やはりいることは否定できないと支持者はいうであろう。ネス湖の水を全部かいだしても、またヒマラヤを幌見峠で捜査当局がやったというように、根こそぎ調べて、やはり生存が確認できなくても、「生存している可能性はいく分薄らいだとはいえ、あの写真をとったときに生存していたという可能性を否定するものではない」と裁判官諸氏なら主張されるであろう。

われわれこそ真の専門家である

弾丸の腐食といい、綫条痕の幅、角度の測定、また細かいスジが一致するかどうかという問題は、高度に科学的な問題である。そして研究の手段は日進月歩し、わが国ではともかく、ピストルが日常犯罪に使われる諸外国では、数多くのデータが蓄積されている。また、ここ10年の金属腐食等についての進歩やその成果に目をつぶって、たんに修辞上の問題、法手続き上の問題として全く実証の裏づけのない磯部鑑定、証言、岡本鑑定、証言にあぐらをかいて再審

請求の要求をしりぞけていることが、高度の科学国家であるわが国で許されるものであろうか。われわれの意見書、鑑定書を読んでわれわれになんら質問するところがないとしたら、その人が少なくとも経験、実績においてわれわれをはるかに上まわる"専門家"であろう。

あるいは失礼ないい方をするならば「全く意味が理解できない」ということすらわかっていない人なのである。

われわれは15年以上の日子を費して、3発の弾丸をいろいろな角度から眺め、研究してきた。弾丸問題について少なくともわが国にはわれわれ以上にまさる実績と経験と学識をもった専門家はいないと信じている。

3. "裁判と科学"を支える力

"裁判と科学"研究集会を契機として、われわれの科学のメスは一層の鋭さを増してゆくことであろう。

われわれが明らかにしてきたこの事実、弾丸はニセモノであるというわれわれの主張は、弁護士、法律家、活動家そして広範な国民大衆の力に支えられてこそはじめて、裁判の壁をつき破ることができる強力な武器となり得る。

これまでの20年にわたる白鳥事件のたたかいの歴史は、決して輝かしい勝利の歴史とはいえない。表面的にはわれわれの主張はいつも斥けられているようにみえる。しかし、われわれがこれまで放ってきた弾丸の1発、1発は最終的に勝利をおさめるための有効な打撃になっていると確信する。必ず"堡塁"がくずれおちる日がくる。"裁判と科学"の研究集会はわれわれにこのことを確信させたものといえる。

（「文化評論」1971年8月号）

（編注）

最高裁抗告棄却決定：1975（昭和50）年5月20日、最高裁は再審請求特別抗告を棄却した。弾丸の新証拠については科学的根拠のあるもの、尊重すべきものとして認め

た。そして「証拠弾丸に関し、第三者の作為、ひいては不公正な捜査の介在に対する疑念が生じうることも否定しがたい」とし、証拠弾丸の証拠価値が大幅に減退したといわざるを得ないが、多数の間接事実（伝聞証拠）は覆しがたいとした。著者は上告棄却決定のとき、「ことばにはウソがあっても科学にはウソがない。ところが日本の裁判は科学より"ことば"を重視している」と語っている。

「白鳥決定」とは：最高裁は抗告棄却決定の中で「疑わしいときは被告人の利益に」という刑事裁判における鉄則は再審にも適用されるという判断を示した。これは、再審請求の場合、確定した判決の事実確認を覆すだけの明らかな新証拠が必要で、この明らかな証拠と旧証拠とを総合的に評価して合理的な疑いを生じさせればよいということである。「白鳥決定」は、その後の再審事件に大きな影響を与え、冤罪救済への道が開かれることになった。従来は裁判が確定すれば絶対的なものと見られ、判決を覆すということは真犯人が出てこない限りあり得ないとさえいわれていた。

「もく星」号遭難のなぞ

　日航機「もく星」号遭難事件がおこったのは1952（昭和27）年4月、講和条約発効直前のことで、1950年にはじまった朝鮮戦争は膠着状態になっていた。敗戦後の日本には制空権はなく、1951年10月になって日本航空はノースウェスト航空より機体とパイロット、管理技術の提供を受けて民間航空が再開されることになった。

　事件の経過は「『もく星』号遭難す」に詳しい。

　作家の松本清張は、犠牲者の一人、宝石デザイナーでダイアモンドの密売をしていたとみられる女性に関心をもった。清張が小説を書くための資料集めをしていた記者に頼まれ、遭難19年後の暮れ、大島行きとなったのである。著者には、ダイアモンド以外にも「もく星」号遭難のなぞを解き明かす"何か"があるかもしれないという期待があった。

　三原山の砂地で拾ったブローチはまさにダイアモンドであった。それ以上に著者が強い関心をもったのは、拾い集めた「もく星」号の機体の破片が、X線分析の結果、超々ジュラルミン系統の材料であったことだ。超々ジュラルミンは第二次大戦中、日本が誇るゼロ戦（零式艦上戦闘機）の構造材に使われたが、米軍は撃墜したゼロ戦の機体材料を分析し、改良して、戦争末期には戦闘機として使っている。超々ジュラルミンがなぜ民間機「もく星」号に使われたのかということが著者の疑問として残った。

　もく星号遭難の真相は結局闇の中である。事故調査委員会が設置され、米軍に協力を求めたが、交信記録は提供されず、事故直後に米軍が機体の一部を回収したともいわれた。著者は、事故から19年後にはじめて現地を訪れ、もく星号の機体材料をつきとめたが、情報も試料も乏しく、遭難の謎を解明することはできなかった。超々ジュラルミン開発の経緯を述べながら、昭和史に残る事件のひとつである「もく星号遭難」の謎を科学的に解明しようとした試みも記録した2篇を、この章の最後に収録した。

ダイヤと超々ジュラルミン

"風の息"

『「2週間前のことです。午後1時ごろ、ぼくは三原山にひとりで登りました。ちょうどシーズン・オフのせいか、観光客もそれほど多くは来ていませんでした。……地質学を勉強しているので、自然と靴の先で砂を蹴り返してみたり、手に拾いあげてみたりしたのですが、そんなふうにして歩いているうちに、靴先で軽く蹴った砂の下から、何か黒いものがのぞきました。で、しゃがんで、手で掘り出したのが、ここにある物です。いまから包みを解いてごらんに入れます」

欣一がハンカチからとり出したのは、長さ5センチ、幅2センチ半くらいの黒い花模様の形をしたブローチだった。

「花芯にあたる真中のダイヤが0.2カラットくらい、あとは屑ダイヤが16個……台は純銀製です。真黒になっているのは酸化のためですが、……」』

引用が長くなったが、松本清張さんが、昭和27年4月9日に起こった日航の"もくせい号"の墜落遭難事故を素材に書かれた小説『風の息』(朝日新聞社刊)の出だしの一節である。

大島裏砂漠採集行

正月で帰省の客ですしづめの連絡船で、はじめて大島を訪れたのは昭和46年12月30日のことであった。東京に長年いてもつい行きそびれて、映画やテレビのロケで裏砂漠のエキゾチックなシーンにお目にかかることはあったが、規模は大きくないが、荒りょうとした一面の砂原の景色に息をのむ思いであった。大晦日にこんな所をほっつき歩いたのは、いまだに"もくせい号"の破片と思われるものが散らばっているという情報に、何か種はないかと出かけた次第である。そして、ことによると、"もくせい号"の唯一の女性客であった宝石デザイナーと称する謎の客がもっていた宝石が(大部分回収されたことに

大島港到着直後の著者

なっているが、未発見のものもあるといわれる) どこかに転がっていないかといった弥次馬根性からでもあった。

　南の島とはいえ、12月末、それに標高600メートル、あいにく霧もかかって、防寒服に身をかためた同行5人が、砂の斜面を数メートルおきに一列に並んで探し歩いて見つけたのが、冒頭のブローチと思われるものである。

　キラキラ光る石が散りばめてあったことは確かだが、誰か観光客がおとした安物と位にしか見えなかった。

　墜落現場から数百平方メートル四方の砂ばかりの斜面に、軽合金の破片、風防の有機ガラス、シールのゴムなど、1時間たらずでバケツ3杯位の収穫であった。

　持ち帰って、早速、分析、測定を行なったが意外なデータであった。

　ガラス玉と思ったものは、まぎれもないダイヤであった。ただ、台座が銀であった所を見ると、それ程のものではないが、一寸シャレたデザインのもので松本さんが想像力を発揮させるにふさわしいものであった。

　しかし私が意外というのは軽金属破片の方である。

"もくせい号"の破片

　破片の数はてのひら大のものから小はそら豆程度のものまで、300個程はあったが、この中に"もくせい号"墜落の謎を解き明かす手がかりが何かない

かというわけである。遭難後20年、南の島の砂地で風雨にさらされたのであるから、当然、かなりの程度腐食しているものもある。が、ビクともしていないものも半数近くあった。期せずしてアルミニウム合金材料の腐食実験になっていたわけである。

　意外だったというのは、これら破片の3分の1ちかくが、超々ジュラルミン系統の材料だったことである。

　"もくせい号"はマーチン202という双発のプロペラ機で、このタイプのものは1946年11月に初飛行している。"もくせい号"そのものが何年に作られたか明らかでないが、中古がまわってきたわけであるから、初期のものと考えてさし支えあるまい。

　超々ジュラルミンが非常に腐食されやすい材料であることを考えると、"もくせい号"のかなりの部分が超々ジュラルミンを材料としていたことになる。大型の破片は事故当時回収されているから、現在もなお散らばっているものは、翼まわりなどの外装の部分であろう。

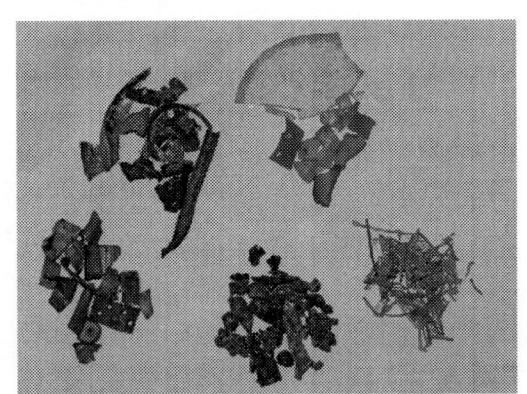

採集した"もくせい号"の破片の一部

ジュラルミンの由来

　ジュラルミンといえば、現在ではアルミニウム合金の代名詞のように使われている。最近までは航空機用構造材料として軽合金の花形だった。

　工業的には高力アルミニウム合金といわれる一群の合金材料の元祖がジュラルミンである。この合金の生まれたのは1906年のこと、ドイツのデューレンにあった会社の技師アルフレッド・ウイルムが偶然のことから発見したものといわれ、デューレンにちなんでジュラルミンと名付けられたと伝えられている。

ウイルムの回想録によると、9月のある土曜日、銅4％とマグネシウム0.5％（重量）とを含むアルミニウム合金を、焼き入れして、かたさの測定を午後1時まで行ない、その続きは月曜日にということで日曜日は近くの湖水にヨット遊びに出かけたことになっている。そして月曜日、ふたたび測定をしてみたところ、倍近くの硬さを示した。初めは硬度計が狂っているのではないかと疑ったそうである。"時効硬化"といわれる金属材料の硬化法としてもっとも重要な現象のひとつが、こんな偶然から見つかったというのである。ニュートンのリンゴと重力の話より確からしいが、回想録には細かい記述があるにもかかわらず、日時に関しては"9月のある土曜日"としかないなど、話がうますぎると疑う人もいる。

　何はともあれ、ウイルムが一連のアルミニウム合金の研究の過程の中でこの頃時効硬化現象を見つけたことは確かである。

　アルミニウムは溶融塩電解法が19世紀の末に発明され、20世紀に入って工業的に量産されるようになったが、軽くてさびにくいことは取りえであるが、何といっても構造材に使うには軟らかすぎたのである。何とか硬くする方法はないかと、他の金属を合金させる方法、鋼で行なわれているような焼き入れという熱処理をする方法など、暗中模索、手あたり次第に様々なことが試みられた。

　ジュラルミンの発見には多分に偶然的要素もあったかもしれないが、ウイルムの長年にわたる研究の成果であったのである。

　ジュラルミンはやがて航空機用材料として重要なものとなるが、発明された頃の航空事情は、どうしたら飛ぶかといったことが真剣に試みられていた時代であった。ライトの12秒間の飛行の成功が1903年末のことであったし、彼らが1時間半約75キロメートルの飛行に成功したのは1908年のことである。

　ジュラルミンが航空機用として初めて本格的に使われたのは、1914年ツェッペリン飛行船の骨組としてである。この年は第一次世界大戦の始まった年でもあったので、ジュラルミンの生産も1913年の37トンから1916年には720トンと急上昇し、航空機用材料としての地歩がかたまることになる。

　ジュラルミンが、何故にかたくなるのかは、欧米各国に日本の研究者も加

わって、様々な研究が報告され、理由づけもされるが、満足な答えが得られないまま、材料としてともかく発展していくことになる。理由がかなり具体的にわかるようになったのは、1930年代の後半である。

日本のジュラルミン

　わが国でアルミニウム工業が芽ばえるのは明治の末で、大正年代に入ると合金の研究もされ、第一次世界大戦開始にともない、わが国に加工工場をもとめて海外から注文が殺到し、大小加工工場が設立される。

　本格的な研究が開始されるようになったのは、ツェッペリンの残骸の一部を手に入れてからのようである。

　住友軽金属工業K.K.の資料によると、この間の経緯は以下のようになっている。

　1916年（大正5年）、ロンドン郊外のクロイドン飛行場付近で撃墜されたドイツのツェッペリン飛行船の残骸の一部を手に入れたロンドン駐在のわが国の海軍の監督官が、これを重要研究資料として海軍艦政本部に送ってきたが、海軍関係の工廠にはこの方面の研究施設がないので、住友に研究を依頼したというのである。

　翌大正6年の初めから化学分析、機械試験、顕微鏡試験など開始し、苦心の末、8月の末頃になって、ようやくこの材料は約4％の銅、およびごく少量のマグネシウム、マンガンなどを含有したアルミニウム合金であることが判明する。しかし試作を試みるが容易に成功せず翌々年、やっと成功したといわれる。

　しかし、ジュラルミンの試作に成功はしたものの使う飛行機がなく、いかんともしがたかったようである。

　大正10年頃から軍からも注文がくるが、本格的に生産するには解決すべき技術上の問題が数多くあった。

　第一次世界大戦の結果、わが国がドイツから得る賠償の一つとして、ジュラルミン製造技術の伝習を受けることが決定し、軽合金技術調査団が大正11年3月海軍造機大佐石川登喜治を団長に、陸海軍それぞれ若干名と住友の技師4

名とで組織され、7月ドイツのデューレンに到着し、この工場で実習を受けることになる。実習は9月に終わり引き続きドイツ国内各工場を見学し、イギリスの主要工場を見て翌12年2月帰国する。

わが国のジュラルミン工業はこのようにしてスタートし、製品は住友軽金と呼ばれて華々しく宣伝される。しかし大正11年11月にジュラルミンの焼入炉が大爆発し多くの死傷者を出すという痛ましい事件も起こる。

が何はともあれ、世界各国は航空機の発展に力をそそぎ、これを支えるものとして、より強力な軽合金の開発研究がきそって行なわれる。

超から超々ジュラルミンへ

1925年頃には一連の超ジュラルミン系統の合金が開発される。これはさきのジュラルミンよりマグネシウムの量が1％前後と多くなり、さらにケイ素が1％前後、マンガンが同じく1％ぐらい加わった合金である。

引張り強さといったもので機械的強さをあらわすと、ジュラルミンが38kg/mm^2といった所が、この新合金スーパージュラルミンは45kgといったように20％位強さが増したことになる。

しかし、まだ鋼と比べると格段に見劣りがするというわけで一層の研究が行なわれる。これまでの合金はアルミニウムに銅が主体であったが、銅の代わりに亜鉛、それにわずかのマグネシウムといった組み合わせで、強度が非常に高いもの、70kg程度のものができることが各国でわかってくるが、致命的な欠陥のために実用にならず幻の強力合金としてその実用化は絶望視される。とかくするうちに第二次世界大戦に突入していく。イギリスのロールスロイス社では、この系統の合金を開発してRR77として1937年に発表するが、これはとても実用になる代物でなかった。

このアルミニウム－亜鉛－マグネシウムを基礎にしたジュラルミンが超々ジュラルミンと呼ばれるものなのである。

ゼロ戦と超々ジュラルミン

ゼロ戦は第二次世界大戦初期の戦闘機としては、当時の世界の第一戦機、ア

メリカのグラマンのヘルキャット、ドイツのメッサーシュミット、アメリカのムスタング、イギリスのスピットファイヤなどのうちで、総合点としてはもっともすぐれたものとされていた。特に、身軽なこと、重装備に加えて航続距離が2000キロと長いなど、われにゼロ戦ありと誇っていたものである。

中国大陸奥深く重慶への爆撃行にもこのゼロ戦が護衛機として活躍したといわれている。中国大陸で撃墜されたゼロ戦をアメリカ本土に持ち帰り、てってい的な分析検討をアメリカは加えて、驚いたと伝えられている。ゼロ戦の翼桁などの構造材に日本は超々ジュラルミンを使っているといって驚いたのである。いくら軽い高性能の航空機が必要だからといって、致命的欠陥をもった材料を使うとは、大和だましいでも無茶すぎるというわけである。

超々ジュラルミンの致命的欠陥は応力腐食割れを起こすことである。加工したままの材料を野外に放置しておくといくばくもなくして突然、破断するのである。計算では超々ジュラルミンを使えば30～40kg位機体を軽くすることができる。それだけ装備も増せるし、燃料も多くつめる。しかし、もし飛行中にこの割れが起こったら、空中分解を起こすこと必定である。

何故、それまでして日本は超々ジュラルミンを使ったのかというわけである。

しかし、ゼロ戦に使われた超々ジュラルミンはESD（Extra Super Duraluminの頭文字をとったとも、また基礎になった合金であるE合金のE、サンダー合金のS、ジュラルミンのDをとったともいわれる）といわれ、住友金属の研究者たちが、昭和10年前後から開発に努力し、13年には、一応実用化に達したものであった。応力腐食割れが何故おこるかはともかく、何か防止する特効薬はないかと探しもとめ、ついにクロムを0.2％位添加すると実用的には阻止できることを発見したのである。完全に阻止できるわけではないが、戦闘機の場合、その寿命をたかだか数年とすれば実用的にはさし支えないというわけである。（ESDは銅2％、亜鉛8％、マグネシウム1.5％、マンガン0.5％、クロム0.2％、残りアルミニウムが標準的組成である）

ゼロ戦を分析したアメリカ側では、このわずか0.2％程度のクロムにそれ程意味があるとは気がつかなかったのであろう。

ゼロ戦に新合金ESDを使うことには関係者の間で大いに議論はあったようである。ゼロ戦の誕生となるが、昭和15年3月の第2回目のテスト飛行で空中分解しテストパイロットが殉職したときは、ヤッパリというわけで材料担当者たちは青くなったといわれるが、その原因は設計上の問題と判明し、続いてESDは使われるのである。
　一方、アメリカでも超々ジュラルミンの開発研究は進められ1943年秋には実用化の運びとなり、組成的にもESDとほぼ似たものとして登場し（75Sといわれた）、終戦頃にはB29にも使われる。

"もくせい号"以外のもの

　さて、話は大分寄り道をした。"もくせい号"の破片の3分の1が超々ジュラルミン系統のものであったことが、何故意外だったか、おわかりいただけたであろうか。
　"もくせい号"のマーチン202は旅客機であって軍用機ではない。安全を第一とする筈である。それに、開発実用化されて間もない超々ジュラルミンという、危険な材料がこれ程多量に使われていたとは、信じがたいことではないだろうか？
　"もくせい号"の遭難については様々なことがいわれている。謀略説、空中分解説、操縦ミス説などなどである。そして当時、昭和27年というのは朝鮮戦争のさ中であった。大島上空あたりで、激烈な訓練が行なわれていたともいわれる。米軍には墜落地点がわかっていた、と思われるにもかかわらず、遠州灘沖で救助といったニュースがまことしやかに流されもした。"もくせい号"以外の何かが……といった疑念をさしはさむのは妄想であろうか。
　ゆっくり、腰をすえて丹念に分析すれば、あるいは謎はとけるかもしれない。しかし残念なことに戦中から戦後数年にかけては資料も乏しく、果たしてどんな合金が使われていたのか不明な点も多い。

（「理科教室」1975年7月号）

「もく星」号遭難す

　昭和27年4月9日、午前7時34分、大阪経由福岡行、羽田発のマーチン202型双発の「もく星」号は乗客33名、乗務員4名のほか郵便物117キロ、貨物76.9キロ、手荷物214キロ、燃料1000キロを積んで出発したが、約20分後、消息を絶った（図1、図2）。

　日航の羽田発下り便は約3000フィートで千葉県の館山上空を旋回、大島のラジオ・ビーコンに乗って高度6000フィートで大島を通過することになっていた。「もく星」号の機長は館山からは羽田に連絡しているが、大島からは通信がなく、以後、コースにあたる浜松上空のチェックポイントからもなかった。

　9日の東海道一帯の天候はきわめて悪く、低気圧が潮岬から東海道岸にそって北上中で、このため、伊豆半島から大島にかけての海も、陸上も地上から5〜6000メートルの高さまで雨雲がたれこみ、視界はほとんどゼロ、気

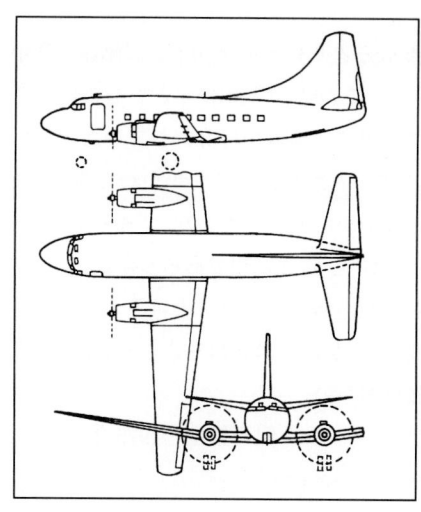

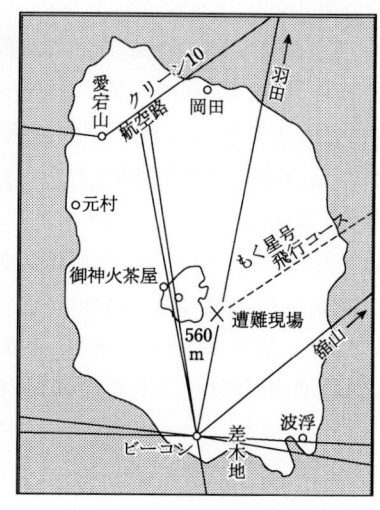

図1　マーチン202　　　　　　図2　大島遭難現場見取図

流も極めて悪かったという。

　館山上空での交信が最後であったから、「もく星」号の捜索機は当然、館山－大島からさらに伊豆の下田方面を遭難地点と考えて捜索すべきだったが、厚い雲に遮られて下界はまったく見えなかった。

　しかし、ほどなく捜索の必要がないという事態が発生した。

　9日付夕刊の記事は、「…海上保安庁その他関係方面で捜査中、午後3時15分航空庁板付分室に入った情報によれば、静岡県浜名湖南西16キロの海上にその機体を発見　米巡視艇により救助が開始された…」

　さらに、国警静岡県本部は「米軍からの情報」として新聞に3時40分に次のように発表している。「〈静岡発〉午後3時40分国警静岡県本部の発表によると米第五空軍捜索機が浜名湖西南16キロの海上で遭難機を発見、直ちに米救助艇が急行全員を救助した」

　つづいて10分後の発表では「…乗客と乗員を全員救助した。なお救助の時刻、救助隊の入港する場所は目下不明である」としている。

　このような情報にもとづいて、乗客の一人、八幡製鉄所社長の三鬼隆の家族と関係者は直ちに着替えなどを持って期待に胸をふくらませて東海道をフルスピードで浜松へと飛ばすのである。

　一方、「もく星」号に乗って長崎で開かれる「復興平和博覧会」に行く漫談家の大辻司郎の談話が長崎の新聞に載る。「漫談材料がふえたよ。かえって張り切る大辻司郎氏」という見出しで、

《九死に一生、救助された大辻司郎氏は、生還のよろこびを次のように語った。「長崎の復興平和博に招かれてゆく途中でした。この事故で出演がおくれ長崎の人にすまないと思っています。しかし二度と得られない経験です。ぼくの漫談材料がまたふえた訳で、禍がかえって福となるとは、まさにこのことでしょう。長崎平和博では早速この体験談をやって大いに笑わせてやるつもりです。これから長崎に急行します。」》

　しかし、5時すぎから、話はだんだんおかしくなって来る。

　9日、5時半頃、海上保安庁が米海軍横須賀基地に「もく星」号の救助状態を問い合せたところ、基地からは、「救助したのは事実だが、人数は分らぬ」

という返事がかえって来る。

午後7時53分には、極東米軍からの通報によれば「横須賀基地に確めたところ、救助した事実はない」となる。

午後8時には、海上保安庁は救助されたとの報告をどこからも受けていない、と伝える。

「もく星」号墜落現場（サン写真新聞）

午後10時には、現在なんら手がかりなしとなり、事態は、それまでの明るい期待から、一転悲観的な線に転じて来る。

翌10日の多くの新聞の朝刊は「安否を気づかわれる人々」として三鬼隆氏、大辻司郎氏ら乗客、乗員の名前と顔写真が載る。

「もく星」号の遭難発見は4月10日午後8時半ごろであった。

《行方不明の日航機「もく星」号は10日朝、伊豆の大島、三原山噴火口近くで発見された。機体は散乱し、全員37名はすでに死体となっていた。この朝、前日にかわる快晴の空を「もく星」号捜索は日航、航空庁、海上保安庁、米空軍協力のもとに未明から行われ、午前8時34分、日航捜索磯「てんおう星」号は三原山噴火口東側1キロ、高さ2000フィートの地点に横たわる「もく星」号のバラバラの機体を発見した。一方ほとんど同時に米空軍第三救助中隊捜索機5機のうち1機も同じく「もく星」号の機体を認め、第3救難隊の降下医療隊員2名は惨事の現場にパラシュートで降下し、遭難機が日航のマーチン2-0-2であることを確認し、生存者は1名もいないことを報告し、ただちに極東空軍司令部から発表された。》

と新聞は報じるのである。

結局、4月9日の夕刊（朝日）では、「日航機、海上に不時着、乗組員全員救助される」と報じ、朝刊では、「遭難の日航機、全員の生存絶望視、機体なお発見せず」となり、さらにその日の夕刊では、「遭難機、三原山に発見、全員の死亡確認、噴火口付近に機体散乱…」となる。

このような誤報が何故されたかも問題であったが、当時は、未だ占領下、日

本航空機といっても、日航はノースウェスト社から飛行機とパイロットを賃借りして商売だけをやる。ノースウェスト社は、飛行機が空港から飛び立ち再び空港に車輪をつけるまでの間の責任を負うというものであった。

日航では、ノースウェスト社との契約にもとづき、昭和26年の10月25日、羽田から戦後最初の民間機マーチン202を飛ばしたが、これが「もく星号」だったのである。

乗員もスチュワード機長とクレベンジャー機関士と日本人の事務長とエアガールの計4名であった。

乗客33名は福岡行26名、大阪行7名。大阪行の中に1人米軍大尉がいたほかはすべて日本人で、住所、氏名なども明らかにされなかった。

墜落事故原因究明のために事故調査委員会がつくられたが、機材、計器などに異常はなく、結局、操縦士の判断ミスということで終ったようである。死人に口なしというわけである。

「もく星」号出発の時、空港のコントロール・タワーが「グリーン・テン（航空路略号・館山）通過後、高度2000フィートで南へ10分飛べ」と指示し、機長と航空会社の運行主任から、すぐに「それは高度が低すぎるのではないか」と抗議されて「高度は6000フィート」と訂正し、これを機長が「6000フィート」と復誦して出発したが、機長は実際には2000フィートのまま（何らかの錯覚で）飛んだというのである。

（「金属」1988年4月号〈「もく星」号遭難と超々ジュラルミン〉より抜粋）

（編注）
　松本清張は、小説「風の息」を1972年から約1年間にわたって新聞連載を始めたが（1974年に朝日新聞社より単行本発行）、1992年4月には新しい資料を織り込んで全面的に改稿、「1952年日航機『撃墜』事件」として角川書店より発行された。

2章　金属いろいろ

暮らしのなかの金属
科学の眼
鉄のはなし
鉄の科学
自然科学へのさそい－金属学とは何か

金属の話いろいろ

　私たちの身のまわりには金属でできたものが多い。日ごろ見慣れているもの、何気なく使っているものでも、「科学の眼」を通して見ると、別の姿が見えてくる。ひょっとしたきっかけで発明につながったものが、どのように改良され発展していったのか、いつ頃日本に来たものなのか…。

　著者は、金属にまつわる古今東西の話をわかりやすく楽しい文章として数多く残した。敬遠されがちな「科学」の話も、ふだんの暮らしで接しているものだからこそ、次第に興味が湧いてくる。

　多様化する時代の要求に応え、複合材料やアモルファス金属など特殊な機能をもった材料が新しい製造技術によってつぎつぎと開発された。「しかし材料の中心となって材料と材料を結びつけているものはすべて金属であり、金属は材料の根幹をなすもの」と著者はいう。

　採録した文章には鉄についての話が多く出てくる。新素材の登場によって一時主役の座を奪われそうになったときも、著者は「鉄」にこだわりつづけた。金属の王者といわれ、近代社会の基礎を築いてきた鉄は、これからも人の営みがあるかぎり、その必要性はなくならないだろう。鉄は地球を循環している。鉄の蓄積と採掘のバランスをくずすと文明も成り立たず、生物そのものの存在も否定されてしまう、と著者は警告している。

暮らしのなかの金属

1. ジュラルミン

「1906年の9月のある土曜日、私は…」―ジュラルミンの発明者ウイルムは、その誕生のエピソードをこう書きだしています。

20世紀にはいって、ヨーロッパには第一次世界大戦ぼっぱつを暗示するキナ臭いにおいがたち始めます。

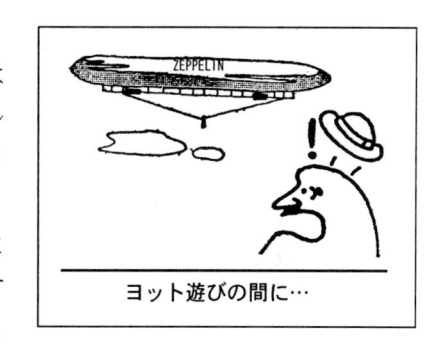

ヨット遊びの間に…

当時の主要な兵器材料であった銅合金(たとえば弾丸の薬きょう用として)に不足していたドイツは、これにかわる新しい材料として、アルミニウム合金の開発を企て、新進気鋭の研究者であったウイルムを理工学研究所の冶金部門の長としてこの仕事にあたらせました。かれは、アルミニウムにいろいろな金属を配合した合金を作って、この目的を達しようと試みたのです。

◇

アルミニウムにマグネシウムを加えたり、銅を加えたりしましたが、あまりはかばかしい結果は得られませんでした。そんな年の9月のある土曜日となるわけです。かれは銅を4％、マグネシウムを0.5％（目方で）、アルミニウムに加えた合金を作り、これを熱してから鋼の場合と同じように水のなかに焼き入れして硬さをはかりました。しかし、期待のものは得られなかったので、そのままにして、日曜日は近くの湖にヨット遊びに出かけ、月曜日にまあ念のためと測ってみたら、おどろいたことに、硬さが70くらいだったのが100をこすほど硬くなっていたのです。

ウイルムは硬さ測定器がこわれたのでは、と思ったそうですが、まぎれもなく硬くなっていたのです。ウイルムが湖でヨット遊びしている間に、試料は着々と硬くなっていたのです。このような現象のことを時効現象と呼びます。

これは、金属材料を強くするための重要な方法のひとつで、ジュラルミンをはじめとする、アルミニウム合金にもっともよく使われる方法です。

　高温では、アルミニウムのなかに銅やマグネシウムが溶けこんでいますが、低い温度ではとけないので、銅やマグネシウムの原子がアルミニウムの結晶格子から追い出されて来ます。

　このようなことが起こるために硬くなり、機械的にも強くなるのですが、このメカニズムがはっきりするようになったのは1930年代の終わりになってからのことです。

◇

　さて、こうしてジュラルミンは誕生します。ジュラルミンという名前は、この合金を工業化したドイツのデューレンにあった会社にちなんだものです。しかし、当時は木の骨組で布ばりの飛行機がやっと飛びはじめた時代で、金属を機体に使うなど思いもよらないことでした。

　飛躍的に使われるようになったのは、ツェッペリン飛行船の骨組として、第一次世界大戦に使われてからです。

　ロンドン空襲で撃墜されたツェッペリン飛行船の骨組の一部を、わが国も手に入れて研究に使いましたが、いまでもそれは残っています。

　ジュラルミンはその後改良が重ねられて、超ジュラルミン、超々ジュラルミンとなって、現在では日本では高力アルミニウム合金と呼ばれて、各方面で使われています。身近なものでは競走馬が本番でつけるアルミの蹄鉄（ていてつ）、脚立、金属バット、メタルスキー、スキーのストック、洋弓の矢などなどです。

◇

　ジェット時代の航空機材料としても、かつてほどではありませんが、ジュラルミンはやはり大切な材料です。

　ジュラルミン類の最大の泣きどころは腐食されやすいことで、これにたいしては、なにか添加物をいれて、といっても金属ですが、腐食され方を少なくするとか、ベニヤ板のように腐食に強い材料を外側にはってサンドイッチにするとかいろいろ方策がたてられています。

2. 金ぱく

"タヌキのナントカは八畳敷"といったことがいわれますが、生物学的にみた場合、タヌキに特別なことがあるわけではありません。「金パクを作るとき、タヌキの皮にはさんで金の玉をたたくとよく延びる」といったことから来たのではないかと推測されています。

実際は、5センチ角ぐらいに切った金の薄板を約30センチ四方の特殊な処理をした和紙の間にはさみ、これを100枚ぐらい重ねて、その上下を同じ大きさのタヌキならぬ牛の皮ではさみハンマーでたたいて延ばすのだそうです。タヌキの皮は丈夫でフイゴに最適で、昔は佐渡の金山ではフイゴ用として盛んに使ったとかで、タヌキの銅像まであるという（またぎきのまたぎきですが）話です。

ジンタン粒ほどの金の玉は約4グラムありますが、これをハクにすれば大体八畳敷になります。金パクの厚さは0.00005ミリから0.0001ミリ（0.05ミクロンから0.1ミクロン）くらい、緑色にすけてみえます。

"タヌキのナントカは八畳敷"という話もあながちでたらめではなさそうです。金はこのように非常によく延びますが、細い線にもなります。1グラムの金で、なまさないで線にして2千メートルぐらいまで引けます。径にして5ミクロンから7ミクロンくらいです。クッキングホイルに使われるアルミニウムのハクが約20ミクロンですからいかに細いかがわかるでしょう。

このように細い金線はゴールド・ボンディング・ワイヤといわれ、エレクトロニクス製品に使われる半導体素子（トランジスタなど）に細いリード線として使われます。金のように軟らかい金属をこういう細い線にするのはたいへんなことで、国産に成功してからまだ10年余りにしかなりません。リードはこのような細い金線ですが、接合点用には金に微量のホウ素とかビスマス、ガリウム、インジウムなどという金属を合金させた金合金が使われます。

金というと装身具とか金歯、万年筆のペン先などを思い浮かべますが、現在の最大の用途はエレクトロニクス用です。

　金がなかったら、ラジオもテレビもコンピュータもできないし、人工衛星も飛ばないといっても誇張ではありません。

　金は化学的に安定で、酸化物や硫化物を作りませんし、電気をよく通し、また白金などとちがって一般には触媒作用が問題にならないので、空気中の有機化合物と反応したりしないので、エレクトロニクス用の部品のメッキになくてはならないものです。電子機器のコネクタなど金ピカですが、けっして成金趣味ではないのです。

　金が黄金色だという性質は、短波長の光にたいする反射率は低いのですが、長波長の光、とくに赤外線にたいする反射率が高いからです。この特性を利用して、人工衛星が太陽からの熱で温度が上がるのを防ぐために表面を金の皮膜でおおうことにも利用されています。

3. 銀食器

　フランス革命からナポレオン戦争にいたる社会の激動期を背景に、ジャン・バルジャンの波乱に富んだ一生を描いたビクトル・ユーゴーの長編小説『レ・ミゼラブル』。ジャン・バルジャンが盗んだ銀の器は、ほんとの銀だったでしょうか。

まかり通るうそ

　銀の器は銀でできている、といわれるでしょうが、手もとにある「銀」だと思っているものをよく見てごらんなさい。

　サジでもナイフでもあるいはメダルでも、きっと「ニッケル・シルバー」と刻印してあるものが大部分でしょう。あるいは「E・P（電気メッキの略号です）」といった刻印もあるかもしれません。小さくて虫メガネを使わないとよく見えないかもしれませんが…。

「シルバー」とあるから「銀」だと思いがちですが、このなかには銀はまったく含まれていないのです。

じつは、銅とニッケルと亜鉛の合金です。銅と亜鉛の合金は、しんちゅうとか黄銅といっている材料ですが、黄色っぽいものとなります。これにさらにニッケルを加えると、銀のように美しい色をした合金が得られます。「洋銀」ともまた、洋白（ようはく）ともいわれます。銅が60％、ニッケル20％、亜鉛20％（目方で）といったあたりが代表的な成分です。

18世紀ころのヨーロッパには、東印度会社によって、中国から銅とニッケルの合金（Paktongといわれました）が輸入され、さらにこれに亜鉛の加わったものがはいってきましたが、これらは鉱石から直接に合金が作られたものです。銅と亜鉛とニッケルとを溶かし合わせて合金が作られたのは1840年ころからのことで、ドイツで開発されたこの合金はイギリスにわたり、当時はジャーマン・シルバー（ドイツの銀とでもいった意味でしょう）として、もてはやされました。しかし、用いた金属の純度が悪かったために、サジなど床に落とすと粉ごなにこわれるものがあったといいます。

いい材料で作ったものは、色が銀のように白く美しく、加工もしやすく、さびにくく、熱を伝えにくく、電気も通しにくいうえに、機械的性質もすぐれているので、食器としてだけでなく、バネとして、電気抵抗源として、機械部品として、さまざまな用途が開発されました。

つまり、19世紀後半から「シルバー」と称して、この種の合金が広く使われるようになりました。ところで、ジャン・バルジャンの盗んだ銀食器は本物かどうかということですが、ジャン・バルジャンが活躍したのは18世紀末から19世紀はじめにかけてですから、まだ合金は出回っていない時代です。ほんものの銀食器であったということになりますが、そのごは、洋銀が食器をはじめ装飾材料としては、銀メッキの下地材として大いに使われるようになりました。

このごろでは、結婚の記念とか、よほど高価なものでないと本当の銀は使われていないようです。

現在の銀の用途は年間消費1500トン程度。その40％近くが、写真の感光材

料、ついで電気用の接点、銀ろう、銀メッキ（主として電気部品の）、銀器用といった順序です。80％近くが工業用です。

　銀の年間生産高（ソ連、中国を除く）は8000トン程度と見られ、メキシコ、アメリカ、カナダ、ペルー、オーストラリアがおもな産地です。近年、需要が急増したため、銀不足をきたしています。

　わが国の輸入1000トンのうち半分はメキシコからのものです。

　コインとして銀を使うことは問題で、銀の需要がふえてくると銀貨を鋳つぶした方が割がいいということになります。アメリカでは1ドル、半ドル、25セントと10セント、の4種類の銀貨のうち1965年には1ドルは製造中止、半ドルは銀合金の合わせ板、25セントと10セントは他の材料にきりかえ、1969年には半ドルも中止とかいいます。

　わが国でも戦後、銀貨が使われましたが、東京オリンピック記念銀貨を最後になくなりました。

　オリンピック記念の1000円銀貨は銀92.5％、銅7.5％という、国際的に銀貨として通用する純度のものでしたが、100円の方は、一般に使われたものと同じで銀60％、銅30％、亜鉛10％といった組成で銀分が少なくつぶしても引き合わないものです。

　現在使われている100円と50円硬貨は、銅75％、ニッケル25％の白銅とかキュプロ・ニッケルと呼ばれるものです。

　希少な資源である銀に代わる感光材料が生まれ、銀の消耗的消費が少しでも減ることが望ましいことです。

4. 模造金

　人類が金に魅せられた理由の一つに、この金属が非常に少ないということをあげることができるでしょう。色をもっている金属は金と銅だけで

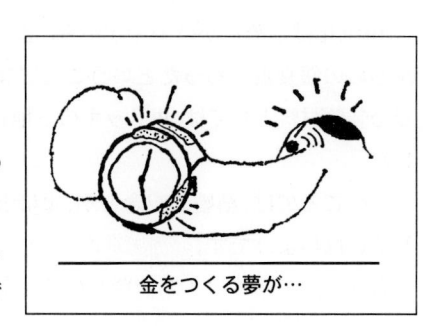

金をつくる夢が…

すが、美しい色をいつまでもということになると銅は落第です。
　地球の表面、地殻のなかに存在する元素の割合を重量であらわしたものを、クラーク数とも呼びますが、これによると、酸素、ケイ素、アルミニウム、鉄、カルシウム、ナトリウム、カリウム、マグネシウムの上位8元素までで98％を占めています。金は75位、白金は74位、両者あわせて、わずかに0.0000005％にしかすぎません。
　このため、金資源をめぐる争いも起き、また、金を安価な金属から作り出そうという夢は、世界の人びとに共通のものであるともいえるでしょう。
　水銀とイオウと混ぜて加熱して金を作り出そうという試みから、錬金術が起こり、近代化学の発展へとつながっていくわけですが、この方法で金を作りだすことはできません。
　原子核エネルギーの利用による元素変換も理屈のうえでは可能でも、経済的にはまったく引きあわないもので、ナンセンスともいえるものです。
　本物の金が作れないなら、なんとか金らしく似せたものはできないかということになります。現代"にせ金づくり"というわけです。
　このような"にせ金"は、模造金とかイミテーション・ゴールドと呼ばれます。
　金の装飾品としての魅力は、①黄金色②耐食性がよくて王水以外の酸に腐食されない③展延性がきわめていい④メッキができる⑤重量感がある、ことなどがあげられます。④と⑤の性質を合金でみたすことは不可能ですし、③は細工物ができればいいので、あえて箔（はく）にする必要はないでしょう。要するに黄金色で、さびにくいもの、空気中はもちろん汗などで変色しないものはできないかということです。
　色のある金属は、金と銅ですから、銅に他の金属を合金させたらということになります。
　ひとつは銅に亜鉛を合金させることです。亜鉛が10％くらい（重さ）だとやや赤味の強い黄金色になりますが、変色しやすく、さらに亜鉛を増して30％くらいになると、黄色味を増し、安っぽいものになります。これが板などとして使われている「真ちゅう」です。

さらに亜鉛がふえると、ふたたび赤味を増します。鋳物として多く使われる「真ちゅう」です。5円貨は銅60％、亜鉛40％の合金です。

銅にアルミニウムを合金させると、やはり黄金色を呈します。3％くらいがもっとも金の色に近いとされています。さらに、アルミニウムが増すと黄色味を増し10％くらいまではあまり変わりませんが、光沢が減ってきます。

このほか、銅とスズ、銅とケイ素などいろいろ考えられますが、色の点では、銅と亜鉛、さらにアルミニウムを加えた合金がもっとも有望で、2～3％アルミニウム、5～10％亜鉛、残り銅といったところが色からみた"にせ金"です。

作りたてで、よくみがいたものは、色だけみれば金より美しいくらいのできばえです。このような合金の特許も数多くだされていますが、残念なことに、というかそこが"金"のすばらしいところなのですが、さびやすく、色があせやすいという点でそのままでは使えません。表面に特別な膜を作るとか、ラッカーでコートするといったことで、金色を保つといった細工をして装飾品などに使われています。

煙草のピースの印刷に使われている「金」、日本画、安いふすまやびょうぶに使われる「金」は、真ちゅうの粉とか、黒雲母の粉（キラ粉といいますが）などが使われます。

また、アルミニウムの酸化被膜（アルマイト）に染色をして黄金色をだすとか、金色だけをだすならほかにもいろいろ方法はあります。テープとか、シガレット・ケースなどいろいろ見かけられます。

しかし、やっぱり、金は金だけのことはあるというのが金属屋たちの永年にわたる結論です。

5. 日本の鐘、西洋の鐘

日本のつり鐘は「ゴオーン」「ゴオーン」…。
西洋の鐘は「カンカン」「チンカラカン」…。

同じ鐘でも音はずいぶんちがいます。形や大きさもちがいますが、日本式と西洋式でこんなに音がちがうのは、鐘の成分のちがいからきています。

つり鐘はふつう青銅と呼ばれている銅の合金です。

銅が使われだしたのは、5000年以上前ではないかと考えられています。金が自然金としていまでも産出するように、銅も自然銅として金属状態で得られたのでしょう。藍銅鉱や孔雀（くじゃく）石などの銅の鉱石は、比較的還元されやすいので、銅を精錬することも容易だったと思われます。

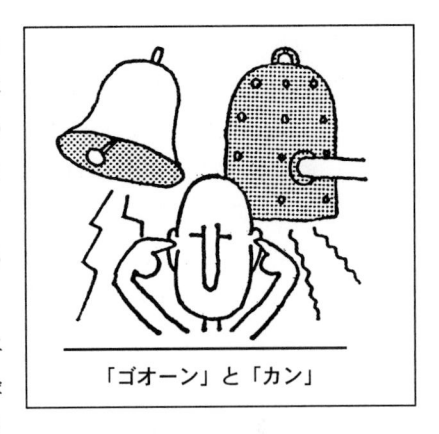

「ゴオーン」と「カン」

石器時代、青銅時代とつづくように、"銅器時代"がその間にはいらなかったのは、純粋の銅はやわらかく、器具としてはたいした価値をもたなかったからと思われます。青銅が出てきて、はじめて金属材料としての意味をもつことになります。

わが国の銅の歴史はたかだか1000年あまりですが、中国では、3000年の昔周の時代に、品物によって合金の成分をきめたもの、現代風にいえば"JIS規格"に相当するものがあったことが明らかになっています。これは銅とスズ（といっても実際には鉛などを含んだものを総括して）との割合を規定した「金の六斉（ろくせい）」と呼ばれるものです。

これによると、鐘の類はスズが目方で14％となっています。そのほか武器の類は20％から30％、鏡は50％と規定されています。

銅にスズを合金させると、はじめは色が赤から黄色くなり、ねばいものとなります。いわゆる砲金といわれるものです。スズ15％から20％くらいでは硬さも増し、色は淡黄色となり、さらにスズが増すと白っぽくもろくなります。30％あたりのものは、スペキュラムメタルともいわれ、みがいて反射鏡にも使われるほどで、青銅鏡はこの範囲にはいります。

さきにのべた「金の六斉」のなかで古鏡についてはこれよりスズが多く、規定されていますが、これでは実用にはならないので、なにかの誤りではないかと思われます。事実、古鏡の分析結果も30％くらいです。

さて、鐘の話ですが、中国、日本、西洋の鐘と、いろいろ分析してみると、中国、日本のものはスズは数％から15％くらいで、これに数％から10％くらい、ものによりちがいがありますが鉛がはいっています。

これにたいして、西洋のは、20％から25％のスズを含んでいます。

このスズの量のちがいで、東洋のものは材質的にもやわらかく、音も「ゴオーン」と柔和な音がするというしだいです。

さらに、西洋の鐘の材料はかたく、もろいので、乱暴についたり、永年にわたるとヒビがはいって割れるといったことになります。クレムリンにあるイワン雷帝の鐘も、アメリカの独立自由の鐘もヒビがはいって割れています。

6. 刃物の切れ味

石けんをあわだててヒゲにぬり、"ぞりっ"とカミソリをあてる感触。男だけが味わえる快感といいたいところですが、切れないときのあの痛さ、現実はコマーシャルのようにはいきません。

あれは切れるとか、これは切れないとかよくいいます。時代小説ですと、「正宗」がどうのこうの、といった話が登場します。包丁や刀の切れ味とはなんでしょうか。映画では一本の刀で敵をバッタバッタとなぎ倒すシーンがでてきますが、ほんとうにあんなに切れるものでしょうか。

名刀「正宗」が最高

切れ味というものが科学的に追究されるようになったのは、いまから50年ほど前のようです。東京帝大の青山平吉、石田四郎といった人たちが日本刀の切れ味を、油ねん土を材料として数量化することを試みましたが、いい結論は

えられなかったようです。また、当時九州帝大の方でも別種の切れ味試験機を試作して切れ味を数値化することを試みています。

これらの仕事にヒントをえて、東北帝大の金属材料研究所で、本多光太郎、高橋金之助、奈良七三郎といった人たちが、「本多式切味試験機」といわれている装置を作り、日本刀をはじめカミソリ、包丁などの切れ味をいちおう数量化することに成功したのです。

この試験機は、物を切るときの動作を押し切りと引き切りとに分解して、この操作を刃物にとりつけた機械にやらせて、紙束を切って、なん枚紙が切れたかで切れ味の目安としました。

「広光」「正宗」「村正」「国包」「包則」「忠国」…など、名刀といわれるものを借り集め、一人の刀剣師に刃先を研いでもらい、顕微鏡で研ぎ具合を調べてからテストをおこないました。

同時にドイツのゾーリンゲンのヘンケル社製の西洋カミソリなど各社のを集め、合わせてテストをおこないました。

第1回では、ヘンケルのカミソリだと170枚ほど切れ、「サビ知らず包丁」(おそらく当時のステンレス包丁)だとわずかに56枚、「正宗」が66枚、「包則」が30枚といった結果でした。このテストをくり返すと、紙の切れる枚数は急速に減り、20回くらいでは初めの5分の1から3分の1になりました。初めに切れるものほど、切れなくなるなり方は早くなります。

100回目では、ヘンケル20枚、「サビ知らず包丁」10枚、「正宗」12枚、「包則」5枚といったところ。この結果からみると「正宗」は20回目くらいから切れ味は変わらないということになります。

この切れ味のちがいは、刃先の角度とも関係するので、それを考えに入れて、結果を整理すると、「正宗」が一番切れ味もよく、耐久性もあるという結果がでます。

本多氏たちは、このような試験機を使って、さまざまな材料の刃物を作ってどんな組成の鋼がいいかを調べていますが、材料としては0.5から1%くらいクロムとかタングステン・モリブデンを含んだ鋼が一番いいと結論されています。

「正宗」にはモリブデンがはいっている、それだから切れるのだといった話があります。これは以前にドイツの技師が分析して見つけたということになっているようですが、「正宗」が作られた時代の冶金技術からみても、また当時モリブデンの鉱石が知られていないということからみても、信ずるに足りないというのがほんとうのところでしょう。

「正宗」の切れ味のよさは、べつのところにその秘密があるようです。

ところで、紙を刃物で押したり、引いたりして切ることと、現実の切れ味という感覚はだいぶんちがうようです。このへんを数量的に扱おうと、計量を研究する人たちが取り組んでいます。包丁の場合だと、材料としてはさつまいもが一番いいようです。

7. 鉛中毒

紀元前200年くらいから西暦300年くらいまでにわたって、地中海に一大帝国をきずいたローマが亡びたのは鉛中毒によるのではないか、といった話があります。鉛の毒は、ペストやコレラのような伝染病とちがって一時に多数の人を倒すということはないにしても、長い間にわたってローマの支配者たちの肉体をむしばんだといったことは考えられることです。

支配者もマイッタ

ローマ時代には水道管として鉛の管がたくさん使われていたので、ローマ人たちが使った水には鉛がかなり溶けこんでいたと想像されるからです。

鉛が人類に知られたのは4000年くらい前ではないかと推定されます。古代中国で金属について「三品」とか、「五金」という呼び方がありますが、「三品」とは黄金（金）、白金（銀）および赤金（銅）、で「五金」とはこれらに青金、玄金（または黒金）を加えたものです。青金とは鉛、玄金は鉄をさしてい

るものと考えられています。

　これらの呼び方はいずれも金属を色で区別したものですが、こういう呼び方があるからには金属鉛がその時代には実在していたと思われます。

　東洋の青銅には一般に鉛を数％から10数％も含んでいますが、このことは、鉛を入れるととけた金属の流動性がよくなり、精巧な鋳物ができることを古代の中国人は知っていたのではないかと思われます。

　こんなに古くから使われていた鉛のことですから、鉛中毒のことについても、古くから記載があるのは当然かもしれません。

　ローマの水道管は全長400キロあまり、そのうち鉛管が使われたのは末端の部分のようですが、径15センチ、肉厚1センチ弱、長さ数十センチのものが発掘されて各地の博物館に保存されています。

　この鉛管は板を曲げて作ったと思われ、横には、だれそれの別荘に給水するためのものでだれそれが作ったと彫ってあります。

　わが国でも、しばらく前までは鉛の管が水道に使われていました。鉛は、純粋な水にはおかされませんが、空気が溶けこんでいて、さらに水のなかに炭酸を含んでいると、かなり溶けるとされています。

　一般の水は、カルシウムの化合物を含んでいるので、これらが鉛に作用して、表面に水に溶けない炭酸鉛や硫酸鉛の被膜を作るので安全だとされているわけです。

　飲食器用には鉛を10％以上含んだものは昔から法律で禁止されていますが、日本衛生学会の1935年の報告に中国で料理に使われていた器を調査したところ、5種93個のうち鉛が10％以下のは、わずかに14個で、もっともひどいのは、鉛が90％以上もあったのでさっそく禁止されたと記されています。

　古畑種基さんの『法医学ノート』に、鉛中毒の例として、つぎのような興味ある話が書いてあります。

　「一人の男が三年にわたって鉛中毒の症状で困っていたが、……病気になっているのは家族中彼一人であったから、鉛を含んでいる水道の水というわけでもない。しかし、よく調べたらその家にある古い井戸のパイプが鉛製で、その男だけ朝起きると、この井戸水を飲む習慣があった。他の家族も飲むことは飲むが、新しい水だったので鉛が少なく、彼が飲んだのはたまり水だった」

鉛の製品もこのごろでは、ほとんど見かけなくなりました。印刷工程からも鉛合金の活字が追放されつつあります。身近なものは釣りのおもりくらいでしょうか。鉛というと非常に重いという印象がありますが、比重が鉄が7.8～9にたいし11.3で、金は19ですから、それほど重いわけではありません。

8. 鋳物とは？

すきやき鍋、鉄びん、マンホールのふた、だるまストーブ…これらはいずれも鋳物です。真茶色にサビますし、磁石をつければ、ぴたっとすいつきます。正真正銘鉄であることは確かです。

ところで、トタン板やブリキ板も鉄です。鋳物もトタン板もブリキ板も、鉄であることに変わりはないというわけですが、それらは、いずれも見かけもちがうし、たとえばトタンやブリキ板ならハンダづけできるのに、鋳物はハンダづけができません。

"すみ"を多量に

これらの鋳物と、トタン板やブリキ板の鉄とはどこがちがうのでしょうか。あるいは日本刀や包丁の鉄とはどうちがうのでしょうか。

私たちの身のまわりにある鉄製品は、じつは鉄と炭素の合金なのです。金属と真っ黒い「すみ」との合金といわれてもちょっとぴんとこないかもしれませんが、鉄のなかに、いろいろの割合で炭素の原子が溶けこんだものです。鉄の原子にくらべて炭素の原子は、その直径が約半分なので、鉄原子のすき間にはいりこむことができます。

かん詰めかんや自動車のボデーなどに使われる薄い鉄板には、炭素が目方で、0.05～0.2％ぐらいはいっています。原子の数の割合にすると1％ぐらいはいっているわけです。

ヤスリや刃物の場合は、これより多く0.7％とか1％とか（原子の数の割合だと3％とか、5％とか）炭素がはいっています。

これらの鉄はいずれも鋼（はがね）と呼ばれているものです。
　炭素の量が多い、ヤスリや刃物などは、ハンダづけはむずかしく、炭素の量が少ないブリキ板などはかんたんにハンダづけができるのです。
　すきやき鍋などに使われる鉄は鋳鉄と呼ばれるものですが、これには炭素が目方で約3％（原子の数の割合で10％）近くもはいっています。炭素のほかにふつうケイ素が目方で1％近くはいっています。鋼より数倍の炭素がはいっているためハンダづけはできないのです。
　では、炭素の量がより多くはいっているのに、鋳鉄が鋼より低い温度で溶けるのはなぜでしょうか。
　鋳鉄のなかでは、鋼とはちがって、炭素がリン片状の黒鉛や、セメンタイト（鉄と炭素の硬い化合物）の形になってはいっています。黒鉛になっている場合は、割れ目がネズミ色をしているのでネズミ鋳鉄と呼ばれ、セメンタイトになっている場合は白いので白鋳鉄と呼ばれます。両方がまざった、まだら鋳鉄と呼ばれるものもあります。
　鋳鉄はこのように、黒鉛またはセメンタイトと地鉄とまざったものですが、このようなものは共晶と呼ばれて、なにもまざっていないものに比べて低い温度で溶ける特徴をもっています。
　たとえば、ハンダは鉛とスズとまざったものですが、鉛は327度、スズは232度で溶けるのに、たとえば、鉛にスズが約60％はいったハンダは約180度で溶けてしまいます。
　鋼は1400度とか1500度といった高い温度でないと溶けませんが、鋳鉄は1100度とか1200度くらいの比較的低い温度で溶け、よく湯（金属の溶けた状態を湯と呼びます）が流れて型通りの鋳物ができるので、ストーブ、鉄鍋、鉄びんはじめさまざまな器具を作るのに使われるのです。
　昔は、鋳物というと安物とされたものですが、最近はすぐれた性能をもったものが開発され、自動車、電車、工作機械などに大量に使われています。身のまわりにあるものとしては、太い水道鉄管はすべて鋳鉄製です。
　鍋も釜も、鋳鉄製のものは、アルミやステンレスの登場で台所から追われたかのようですが、鋳鉄はステンレスにくらべて熱の伝わり方もよく、また表面

にできている黒い酸化被膜と油とのなじみがいいので、肉をやいたり、すきやきなどをしたりするにはもってこいのものです。

9. タングステン

　鉛やスズは融点が低くて溶けやすい金属ですが、これにたいして融点が高く、ちょっとやそっとでは溶けないものがあります。金や銅は1000度すこしで溶けますが、鉄は1500度、さらに白金になると1770度と大分高くなります。しかしまだ上があります。

金粉の"だんご"で

　一般に摂氏2500度くらいから上の融点のものを高融点金属といっていますが、この仲間は、タングステンの3380度を最高にニオブの2460度まで八つあります。

　あまりなじみのない金属ばかりですが、タングステンは電球のフィラメントに使われ、3番目に高い融点（約3000度）のタンタルは電子工業用のコンデンサーに使われます。タンタルは人体組織とのなじみが非常によく、からだのなかでさびたりして周囲の組織を害しないので、タンタルの板で頭がい骨の穴をふさいだり、細線で組織やスジの代用をさせたりすることが試みられています。

　鉄に加えてさまざまな合金を作るのに使われるモリブデンもこの仲間で、融点は約2600度です。

　万年筆の金ペンの先につける白い金属の球はイリジウムとオスミウムの合金ですが、これも融点が高く約2600度です。

　タングステンは電球のフィラメントとしてかかせないものですが、こんなに高い融点のものから線をどのようにして作るのでしょうか。

　エジソンが白熱電球を発明したときは、日本の竹の繊維を炭化した炭素の細

い線を使ったそうですが、もろくて強度が低いので、新しい材料の開発が期待されました。

　アメリカの物理学者クーリッジがタングステン・フィラメントの製造に成功したのは、エジソンが白熱電球を発明してから30年後の1909年のことでした。

　3000度以上となると、こんな高温に耐えるるつぼの材料がないので、るつぼのなかで溶かすことはできません。そこで、粉末冶金法と呼ばれる、溶かすことをしないやり方で作ります。

　まず、タングステンの酸化物を還元して、金属タングステンの粉を作ります。これを棒の形のわくに入れて加圧成形して、融点以下の高温に加熱してやりますと、金属の粉どうしが反応して焼きしまったものができます。このようなやり方は磁器を作るのと似ているので、ドイツ語では「金属磁器」といったいい方をします。

　さて、このように焼きしまったものを、四方からキネが出てたたくスエージングという装置で1400度くらいでたたいて1ミリくらいの径まで細くします。こうすると、普通の金属のように引き伸ばしたりできるようになりますからダイス（穴のあいた工具）を通してさらに細くし、最後にはダイヤモンドでできたダイスで仕上げの線引きをします。8ミクロンくらいまで細くすることができますが、電球用では細いもので12ミクロンくらいです。

　タングステンは溶ける温度が高いだけでなくいろいろ特徴があります。まず密度が19.3と金とほとんど同じでずぬけて重く、また、このような細い線は、実用金属材料では最高の引張り強度をもっていて一般の鋼の7〜8倍から10倍といったものです。自然に箱が開いたりするマジックなどにはタングステンの細い線が使われます。

　タングステンという名前はスウェーデン語の「重い石」という言葉から出たものです。タングステンは偏在した資源で、世界の生産量の6割が中国、ソ連、朝鮮で占められています。一方モリブデンの方は、総生産の8割がアメリカ、カナダ、チリなどアメリカ大陸で占められています。天は二物を与えずといったところです。

10. ステンレス

カネミの米ぬか油に混入したPCBによる中毒事件（1968年10月）は、熱媒体として使っていたPCBがステンレス・パイプにあいた小さな穴からもれて油のなかにはいったのが、直接の事故原因でした。

ステンレス鋼は、サビない、腐食しない鋼として知られています。ステンレスという名前もその意味でつけられたのですが、けっしてオールマイティーではありません。使う場所、使う材料の種類（ステンレスといってもさまざまあります）を間違えると、さすがのステンレスもサビるという宿命から逃れることはできません。

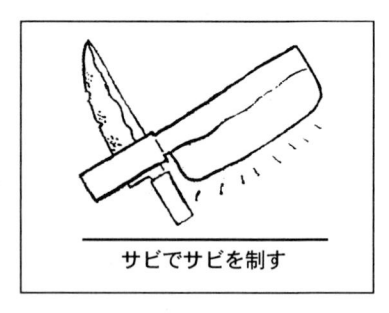

ステンレス鋼の基礎になっている鉄とクロムの合金は、いまから160年以上も前に、イギリスのマイケル・ファラディによって作られたとされていますが、現在のような、サビない鋼として登場したのは1912年ころのことです。

イギリスのブリアリーがいろいろな鉄とクロムの合金を作って、これを薬液で腐食して顕微鏡で調べる仕事をしていたとき、どうしても腐食できないものがあって、それが発明のきっかけになったと伝えられています。

ブリアリーはこの鋼を利用してサビない刃物を作りました。この系統の合金は、いまでも13％の13クロム・ステンレス鋼として使われています。

同じころ、ドイツのマウラーとシュトラウスは、ニッケルを加えたニッケル・クロム系統のステンレス鋼を開発し、この系統が現在18-8-ステンレス鋼（18％クロムと8％ニッケル、あとは鉄）といわれているものです。

わが国で18-8-ステンレス鋼がはじめて作られたのは1934年のことですが、おもな用途は、軍用や化学機械用で、台所にまで進出するようになったのは、この20年来のことです。

ステンレス鋼は大別すると三通りの種類があります。磁石につく、フェライト系とマルテンサイト系といわれるもので、鉄－クロム合金を基礎としたもの

サビでサビを制す

です。マルテンサイト系には炭素がかなり入れてあって硬く、ナイフ、包丁に使ってあるのはこの系統です。

磁石につかない、ニッケルを含んだ 18-8- ステンレスに代表されるものがオーステナイト系といわれるものです。これは高級な食器とか、化学工業用の材料など、とくに耐食性を必要とするものに使われます。

食器、流し台などでしたら磁石につかない方が高級品といえます。

ステンレス鋼がすぐれた耐食性をもっているのは、表面にうすい、10オングストローム（1オングストロームは1億分の1センチ）程度のクロムを主体にした酸化物の被膜があるからです。この被膜自体がサビそのものであるのですが、このサビの膜が滅法つよいということです。

しかし、ステンレス鋼にも泣きどころがいくつかあります。

食塩水や海水などのように塩素イオンのある環境では、局所的におかされ穴があきやすいのです。カネミのステンレスパイプの穴はこの孔食の典型です。

オーステナイト系ステンレスにみられる応力腐食割れもやっかいな現象です。原子力関係施設でよく問題を起こしています。

ステンレスにはクロムがたくさんはいっていますが、日常、食器として使う場合に、溶け出すかどうか心配なことですが、その心配はないというのがこれまでの研究の結論です。

11. ベリリウム

六価クロムによる肺がんが大きな問題となっていますが、これは六価クロムだけでなく、マンガンやニッケル、ベリリウムなどの金属との複合汚染によるものではないかと疑問がだされています。

ベリリウムとはあまり聞きなれない金属ですが、なにに使われているのでしょうか？

一番軽い金属

元素の目方（原子量）の軽い順にならべると、水素、ヘリウム、リチウム、そして4番目がベリリウムです。リチウムはナトリウムの仲間のアルカリ金属ですが、酸化しやすく、化学的に激しい性質のために、金属材料として使われることはありません。

　ですから、ベリリウムは金属材料として使われるもののなかで、もっとも原子量の小さいものといえます。比重はアルミニウムの2.7より小さくマグネシウムとほぼ同じ1.8ちょっとですから、もっとも軽い金属といえます。

　アルミニウムやマグネシウムは700度（摂氏）以下で溶けてしまいますが、ベリリウムの融点は1300度（同）近くで、軽くて、熱に強い金属ということになります。

　ベリリウムが発見されたのは、1798年のこと、ボークランによってですが、工業的に金属の形で得られるようになったのは戦後のことです。ベリリウムの大きな用途は四つあります。

　第一は原子炉の減速材料としてです。ウランの核分裂で飛び出してくる高速の中性子を減速する役目をする材料としてです。この減速材料としては、中性子の目方となるべく近い目方の原子核をもった元素ほど有利ですが、ベリリウムは重水、黒鉛などとならんで利用されるわけです。

　第二の用途は、金属ベリリウムの板はX線をよくとおすので、X線発生用の装置の窓材料として使われます。真空管のなかで発生したX線を、透過撮影や医療、研究用に使うためには、外部にとりだす必要がありますが、このような窓としてベリリウムはすぐれた性能をもっています。

　第三の用途は、合金元素としてです。銅にベリリウムを目方で0.5〜2％ぐらい入れた合金は、ベリリウム銅といわれますが、これは適当に熱処理すると、一般に使われている鋼よりはるかに強いものとなります。非磁性ですから高級バネの材料として貴重なものです。また火花が出ると爆発の危険性がある作業所での安全ハンマーとしても使われます。

　第四に、ベリリヤと呼ばれるベリリウムの酸化物を使った磁器としての用途も重要なものです。軽くて機械的、熱的なショックに強く、熱の伝導性が非常によいという特徴を持っているので、ルツボとかエレクトロニクス用とかさま

ざまに使われています。

　金属材料として軽く、熱に強いということは航空機やロケットの材料としても貴重な性質です。

　このように数かずの特徴をもった、灰白色の金属ですが、目下のところは資源的にも乏しく、鉱石から金属の形にするのに手間もかかり、さらに加工性もよくないので、価格も高く、特殊な用途に使われているのが現状です。

　もうひとつ、ベリリウムやその化合物は非常な毒性をもっていることです。水溶性の塩類や酸化ベリリウムにふれると皮膚に湿しんを起こしたり、とくに酸化ベリリウムの粉末を吸いこむと、ベリリウム肺と呼ばれる肺炎や肺結核に似た症状を呈します。十分に管理して扱えば事故は防げますが、開発の初期には、いろいろ事故を起こしたようです。製品になれば安全ですが、加工には気をつけないと危険で、わが国でも関西のセラミックスメーカーで事故を起こしています。

12.　和釘　洋釘

　釘（くぎ）といえば、鉄線をとがらせて、頭を丸くつぶしたものを思いだしますが、これは日本古来の釘ではありません。この釘は洋釘といい、日本にはいってきたのは明治になってからのことです。

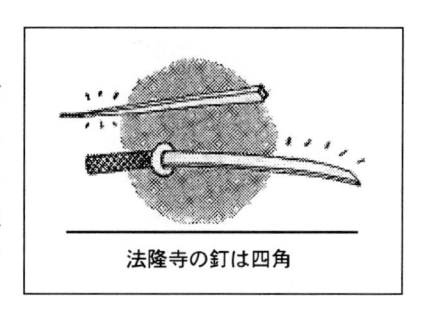

法隆寺の釘は四角

　日本古来の和釘は、断面が四角で、先にいくほど細く、使用する場所によって大きさはいろいろありますが、太さは3ミリから2センチぐらい、長さは3センチから長いもので60センチぐらいあります。

　法隆寺には、創建のときに使ったと思われる釘が現存していますし、古墳からも、のこぎりやかんなといっしょに出土しています。

　法隆寺や宇治の平等院、醍醐寺などの古い建物では、修理した時代に相応し

てその時代に作られた釘が使われていますので、この釘を科学的に研究すると、当時の製鉄技術がうかがえるので、貴重な研究資料となっています。

　古い釘だから、さぞかしサビて赤くなっているかと思うと、使用場所によっては、数百年もたっているにかかわらず、光った部分があるので関係者がおどろいたという話もあります。1本、1本、かじ屋がきたえて作ったものです。

　法隆寺の五重塔と金堂の大修理のさいに、各時代の釘が採集され研究されましたが、慶長以降とそれ以前では、形状、加工の仕方、材質が異なり、なにか冶金技術上の改変がこのころにあったと推定されています。日本刀についても、慶長を境に古刀、新刀と区別されています。この技術上の改変はかならずしも進歩ということでなく、作りが粗雑にもなっていますし、材質的にも不純物が多くなっているので、古来の砂鉄を原料としたものの他に、江戸中期から盛んになった鉱山の開発にともなって、新しい鉱石が使われたか、あるいは外国からはいってきた鉄が使われたか、その可能性もあるとされています。

　また、創建当初の釘のなかには金がごく微量含まれているものがあり、これは当時使われた砂鉄原料に砂金がまじっていたのではといった推理もされています。

　釘にみるかぎり、明治に、いまのような洋釘が登場してくるまでの1000年近くはほとんど進歩発展もなく、1本、1本手づくりで作られていたのです。

　イギリスで釘製造機械が作られたのは、いまから約400年前のことですが、わが国で、西洋式の釘が作られるようになったのは、1897年（明治30年）ころのことです。

　洋釘が和釘に完全にとってかわったのは、1887年（明治20年）から30年の間ではないかと思われます。1872年（明治5年）に輸入された記録がありますが、当初は珍しい形の釘といわれただけで使ってみようという人はなかったようです。

　それが、1880年（明治13年）10月の東京、横浜をおそった暴風雨、翌年1月の東京神田、日本橋、深川の大火、さらに翌2月の神田、日本橋の大火で、釘の需要が急増して、それまでかえりみられなかった洋釘を使ってみようということになったようです。

はじめはフランス、つづいてイギリス、ドイツ、アメリカからも輸入され、1883年（明治16年）に6万樽（たる）だったものが大正のはじめには、63万樽にたっしますが、国産化の成功で1913年（大正2年）には22万樽、3年には8万樽と輸入額は減少します。

　なんということのない釘1本にも、長い歴史がひめられています。

13. 針

　針—縫い針、釣り針、レコード針、注射針、時計の針…などさまざまな針があります。
　貝塚などから出てくる針は骨製ですが、金属を知るようになって、青銅から鉄へとその材料も移ってゆきます。

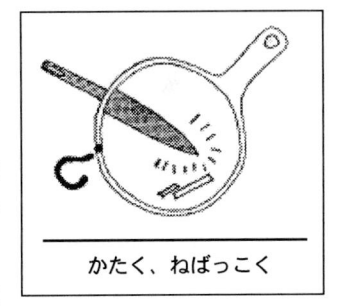

かたく、ねばっこく

　わが国では、鎌倉から室町時代にかけて、京都の姉小路で鉄製の針がつくられるようになったといいますから、針の歴史はまだ6、700年しかたっていないことになります。
　当時は「御簾」（みす＝細かいすだれ）のなかで作ったので、「みすや」という名前がおこったといいます。京都で作られた針は、庶民の衣類を縫う道具というより、貴族たちの衣装をきらびやかな金糸、銀糸の刺しゅうで飾りたてるための道具として発達したものです。
　しばらく前までは、このみすや針の伝統を守って、70近いお年寄りがただ1人、機械だと1日20万本も作る針を、いちいち針金をやき入れ、キリで穴をあけるといった手作業で、日に200本のテンポで細ぼそと仕事をつづけていましたが、いまはどうなっているでしょうか。
　現在は、縫い針は、ほとんど広島地方で作られています。一般用の縫い針は機械で作られていますが、プロ用の縫い針は、いまでも最終的には1本、1本を吟味されながら作られています。
　針をつくる人は「針は刃物。鉄を鍛えて作らなければ、使う人にとっては1

本ごとのできばえが仕事に響く。つまり針は小さいけれど、ノミや包丁と同じような道具なんです」といいます。

　針は、とがったところを「先」真ん中を「胴」、めどのところを「耳」と呼びますが、刃に相当する「先」はかたく、「胴」はねばっこく、そして「耳」は糸を傷つけないようにやわらかく、というのが針の理想です。

　そのためには、とくに焼き入れ、焼き戻しに細心の注意をはらい、永年の経験できたえられた指先で、そのかたさ、ねばっこさをチェックしていきます。

　針を作るには、まず素材となる線材（プロ用の縫い針は、炭素が0.45％くらい含まれた軟鋼を処理して作り、一般用はもっと炭素量の多い線材を熱処理しないで使うのが普通のようです）を、針2本分よりちょっと長目の長さに切りそろえます。つぎに尖頭という工程で両端をとがらせ、それを機械にかけて、真ん中を平らにつぶします。ここに、めどになる穴を二つあけ、これを切り離して、まず形が作られます。

　つぎの操作は熱処理です。針の束にまんべんなく木炭の粉をまぶし、針先を下にして、るつぼに入れ、炉に入れて加熱します。炉から出た針は、線香のようにもろいので、つぎに焼き戻しという操作をしてねばりを与えます。

　このあと、みがいて1本、1本入念に検査をして、25本単位で包装をしてできあがりです。

　針先は、顕微鏡で拡大してみると、日本の縫い針では、一直線にとがっているのでなく、角度がつけてあるのがわかります。これは、とがらせすぎると、繊維を切断してしまうのでこんな工夫がしてあります。ミシン用の針の場合は円錐形にしてあります。革をぬう針では丸いと革を破るので、三角に断面が作ってあります。

　小さな針にも永年の経験からさまざまな工夫がこらされているわけです。

14. 鉄の管

　明治になって、新しい首都になった東京では、飲料水を江戸以来の玉川上

水、神田上水に頼っていたのでは、需要もまかなえないし、不潔きわまるというので、水道事業の必要が叫ばれました。

1886年（明治19年）には、東京でコレラが大流行して、ついに1891年、横浜市につづいて東京市も水道事業にふみきりました。

細い細い注射針

しかし、必要とされる鉄管の量がばく大で、当時の工業力では一社で作れるところはなく、また、技術的にもむずかしかったので、いろいろトラブルがありましたが、なんとか、内外の鉄管をかき集めて、1898年（明治31年）、起工後7年たってできあがりました。

鉄管といっても、当時使われていたものは、鋳物の管でしたが、現在では、家庭配管の細いもの、本管に使われる太いもの（大きいものでは3メートルのものも）も、いずれも鋼管がもっぱら使われるようになっています。

鋳物の管は遠心鋳造法といって、溶けた鋳鉄を型に入れ、型を回しながらかためていく方法で作られています。

ところで、鉄の管といってもぴんからきりまであります。もっとも細い管というと注射針でしょう。輸血用が一番太く、ついでペニシリン用、静脈用、皮下注射用、ツベルクリン用と細くなり、外径0.4ミリといった細いものもあります。

針の材料は、ごく最近まで、炭素鋼でしたから、サビやすかったのですが、このごろはステンレス鋼の針に代わっています。

注射針はまず、元になるステンレス鋼の板を丸めてパイプを作り、継ぎ目を溶接し、これをダイスを通して引いて順次細くしていきます。一般に使われる0.8ミリの管だと、まず6ミリ径の管から出発して、初めの長さの約12倍に引き伸ばされます。

刃先は鋭くきってありますが、さらに先端をけずってあります。このような細工をしてあるのでスムーズに注射ができるというわけです。もっともするどいのは、一般の皮下用のもので、もっとも鈍角なのは動脈用、その中間が静脈用です。

管の作り方には、注射針のように板を丸めて溶接するやり方がふつう使われますが、板の丸め方にはいろいろあります。太いボール紙の筒のように、ら旋状に巻いて溶接するもの、戦後ひところはやった手巻きたばこのやり方と同じようにロールを使って板を曲げるもの、型を使って曲げるもの…などです。

太い管は溶接が主流ですが、中くらいのものでは、継ぎ目なしのパイプも作られています。これは、真っ赤に焼けている鋼の棒に、心金（しんがね）と特殊なロールを使って穴をあけこの元管を順次ひいて細くしていくのです。

また、マカロニを作るように真赤に焼いた素材を押し出して管とするといった方法も使われます（ステンレス鋼管など）。

このように、管といっても、1ミリ以下の細いものから径数メートルといったものまでさまざまなものがあり、材料も、アルミニウム、真ちゅう、ステンレス鋼、鋼、といろいろです。大都市の地下には水、ガス、下水などの大小さまざまな管が通り、私たちの生活をささえてくれているわけです。

また、アラスカ、シベリア、アラビアなどで天然ガスや石油の輸送に使われている大口径の鋼管の多くは日本製のものです。

15. ありみにうむ

1867年（慶応3年）、フランス皇帝ナポレオン三世の招きを受けて渡欧していた徳川昭武らの幕末の遣欧使節団の一行は、数かずのみやげ話をもって帰ってきました。それまで、ヨーロッパの話はポルトガルやオランダから、長崎を通って伝えられてはいましたが、なにしろ300年にわたる鎖国政策で、西欧の文明とは隔絶されていましたから、見る物、聞く物すべてたいへん珍しかったわけです。

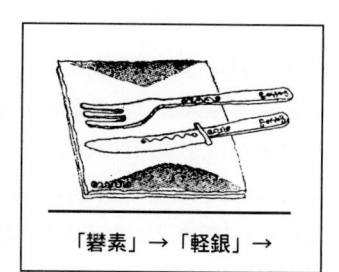

「礬素」→「軽銀」→

なかでも、一行が見たパリ万国博覧会の展示品「ありみにうむ」という高価な軽い金属には、大いに関心をそそられたようです。

1850年ころには、アルミニウムは当時の技術では、針の頭ほどの量しかえられなく、白金と同じくらいの値段で金や銀よりも高価でした。ナポレオン三世の後おしを受けて、フランスの化学者ドビルがパリ郊外のグラシェールに小さな生産工場（これが世界最初のアルミ工場だったのですが）を作ったのが1856年のことですから、アルミニウムは非常な貴重品であったのです。
　とくに、ナポレオン三世はアルミニウム好きで、自分の上衣のボタンや贈物にするくさりをアルミニウムで作り、晩さん会ではとくに大切なお客にはアルミニウム製のスプーン、フォークを使い、普通のお客は金や銀製のを使ったほどでした。
　1887年（明治20年）ころからアルミニウムの地金がわが国にも輸入され、軍用の水筒や飯ごうに加工されて使われました。礬素（ばんそ）というのが当時のアルミニウムの呼び名だったようです。
　礬素ではどうも通りが悪いというので、銀のように美しく、銀よりも軽いということで、メーカーは、「軽銀」と名づけて売り出し、この呼び名は、明治から大正にかけて親しまれたようです。
　日本でアルミニウムを製錬しようという試みは、1897年（明治30年）ころからおこなわれましたが、成功しませんでした。1917年（大正6年）にアメリカと共同で黒部川流域の豊富な電力を使って、世界的な規模の工場を作ることが計画されましたが、世界的不況で陽の目をみないままに終わりました。
　国内で初めて製錬されたのは1934年（昭和9年）のことですから、日本のアルミ製錬の歴史はまだ40年しかたっていないのです。
　高価だったアルミニウムが、一般用品に使われるようになったのは、化学反応で金属をとり出す方式からホールなどによる電解法（1888年工業化に成功）に変わってからのことです。
　資源的には、地殻を構成する金属元素の第1位（8％ちかく）がアルミニウムですが、現在、原料として使えるのは、主として南方の熱帯圏に分布しているボーキサイトですから、偏在している資源といえます。
　戦争中は航空機の材料としてアルミニウムは貴重でしたから、ボーキサイト以外の資源を活用することも試みられましたが、経済的に成功するには至らな

かったようです。

　戦争の終結とともに航空機用から一般民需用へとアルミニウムの用途は変わりました。

　なべ、かま、クッキングホイルなどの料理用から、窓のサッシ、建物の外装、かんづめなど家庭のなかでは、使用量としては第1位でしょう。

　最近はスポーツ用品への進出にはめざましいものがあります。テニス用のラケットのわく、メタルスキー、スキーのストック、野球のバット、登山用品などなど……。競技の普及、記録の向上にアルミニウムが果たしている役割も大きいものがあります。

　　　　　　（「赤旗日曜版」1975年9月21日〜12月28日　15回連載）

科学の眼

1. ばね―鯨のひげから鉄へ

"ばね"は現在の機械構成の1つの要素としてだけでなく、身の回りの道具からレジャー用品に至るまで、多方面に使われています。自動車・電車などの車両に使われている振動吸収のばね。椅子やベッドのスプリング、時計のゼンマイ、変わったところでは、空気入りのタイヤも、空気とゴムの弾性を利用したばねといえます。

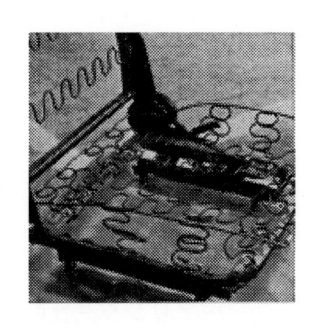

昔のばねには竹や鯨のひげなどが使われていましたが鉄でばねをつくる近代技術がわが国に入ってきたのは明治のはじめ、ちょうど今から100年前のことです。刀鍛冶や鉄砲鍛冶が商売替えして、馬車や人力車の振動よけの板ばねをきたえてつくったと伝えられています。

ばねの材料には黄銅、洋白、りん青銅、ベリリウム銅といった銅合金、"ヒゲゼンマイ"などに使われるコバルトなどを成分とする多元合金もありますが、なんといっても主力は鉄系の材料でしょう。普通鋼、Si-Mn鋼、ステンレス鋼、析出硬化型ステンレス鋼、工具鋼、ピアノ線と用途に応じていろいろに使い分けられています。

ばねのつくり方

つくり方は、材料の径が20mmも30mmもある太いスプリングでは、なました素材を加工成型しスプリングの形にしてから、熱処理でばねとしての特性を与えます。仕上加工をして、さらに、表面をショットピーニングという鋼球をぶつけて硬化させる方法で仕上げ塗装をします。表面をとくに念入りに仕上げるのは、少しのキズでも破壊のもとになるからです。

径が小さいものは、ばね特性をあらかじめ与えた材料を使ってばねの形に加工して仕上げ、それからひずみをとるといった補助的な熱処理をして仕上げます。

振動やショックを緩和したり、機械的エネルギーを蓄えたり供給するという、ばね本来の用途に対して最高の性能を発揮することが要求されるのは、いうまでもありませんが、ばねのもうひとつの大切な条件に、安全の保証、信頼性ということがあります。スプリング1本の折れが大事故に結びつくことはよく経験することです。

多くの場合、表面から隠れて見えないこの"ばね"こそ、まさに縁の下の力もちといえるでしょう。

2. ベアリング―比較的新しいころがり軸受け

軸受け（ベアリング）は、回転運動を支える機械要素として最も大切なものです。このうち軸と軸受け面とが直接ふれ、すべり接触しているすべり軸受けが、船舶のクランクシャフトのような比較的低速で回転するものに使われるのに対して、ころがり軸受けは高速回転用です。

ころがり軸受けが登場するのは比較的新しく、19世紀の半ばからでした。自転車に1875〜80年ごろ使われ、空気入りタイヤの開発と相まって軽快な自転車が生まれてブームを引き起こしました。この2つの発明は、19世紀の末、ガソリン自動車に受けつがれていきます。

パチンコ玉とは月とスッポン

ところで同じ鉄のボールでも、パチンコの玉とベアリングのボールとでは、氏も育ちも月とスッポンです。ベアリングのほうは径6mmのボールで5トンの荷重に耐える必要があるといわれ、しかも高速回転下で使われるのですか

ら、摩耗にも強くなくてはなりません。

　ふつうの鋼はちょっと見には肌がきれいにみえますが、顕微鏡でよくみると、非金属介在物といわれる細かいゴミやキズがたくさんみえます。これに対してベアリングの材料は、よごれのない、きれいな鋼が要求されます。これまでは良質な鉱石からつくられたスウェーデン鉄が"きれいさ"という点では群を抜き、スウェーデン製ベアリングは世界を牛耳っていました。

くずれたスウェーデンの"神話"

　もちろんきれいさのほかに、加工しやすく、熱処理後には硬く、ねばりをもち、コロガリに対して耐摩耗性があることも必要です。現在では、炭素を約1％、クロムを1.0～1.5％含む高炭素クロム鋼が主に使われ、球状化焼なましという熱処理で、細かい炭化物を均一に分散させたあと、800～850℃から油冷し、さらにサブゼロ処理という低温での処理をして、残留しているオーステナイト相を少なくし、最後に約150℃で焼きもどして使います。

　溶解法、脱ガス法などの製鋼法の進歩でスウェーデン鉄の"神話"はいまやくずれ、わが国のベアリング製品は外国市場でも優秀性を高く評価されています。

3. 注射針—鉄ならではのパイプ

　"パイプ"といっても注射針のように細いものから、油や水の輸送に使われる径が数メートルに及ぶものまでさまざまです。用途も、量的に多いガス管などの配管用、高温高圧下で使われるボイラー管、石油採掘で使われる油井管、石油輸送管、化学工業用の熱交換とかコンデンサーに使われるもの、構造用として自動車・航空機・自転車・土木・建築・機械部品・家具などに使われるものなどです。

　原子炉にも、さまざまな材質の鋼管やステンレス鋼管が使われています。

なぜ鉄がいいのか？

パイプの材料の主流はなんといっても鋼管ですが、用途に応じて銅合金、アルミニウム合金も使われ、塩化ビニールをはじめとするプラスチックの管、ガラスの管といったものも、現在の文明を支えるうえで、大切な役割を果たしています。

鉄が材料として、なぜそれほどの優位を保っているのか？と開き直られると即座に返事がしにくいものです。私たちは、もう1,000年も2,000年も鉄を使い、鉄に親しんできました。材料としての鉄のもつ経済性、可能性を追究し続けてきたわけです。

"金属とは何か"というと、金属光沢をもち、展性と延性に富んでいて、電気を伝えるといった定義がされますが、鉄ほど展延性と加工性をもった材料はないといえるでしょう。

金は箔にできますが、軟らか過ぎて金の細い針金を作ることは至難のわざです。アルミニウムはどうでしょう。軟らかいかも知れませんが、粘りがありません。細い管とか針金をつくるのは、これまた難問です。

これに対して鉄はさまざまに合金し、処理することによって、薄い箔から細い針金まで、さらにパイプさえできます。いろいろな加工法も開発されていますが、なんといっても、それに耐える適当な機械的強さと物理的性質をもっている、ということが重要なのです。

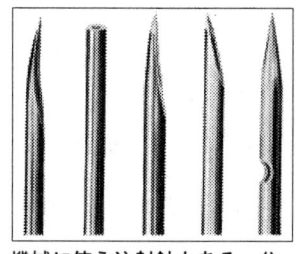

機械に使う注射針もある。分析機器にごく微量の試料を注入するときに使う。

純度と加工技術が進歩

しかし、この鉄という材料のもつ多様性は一朝にして築かれたものではありません。

注射の針に使われているステンレスも開発当時は加工性が悪く、また、熱処理によっては非常にもろくなるものでした。それが細い管にできるようになったのは、ひとつには不純物の除去、とくに鉄にとっては宿命的な仲間である炭素量の低下、材料の純粋性を実現したことによるのでしょう。また加工技術、

とくに溶接技術の発展も重要な要素です。

ステンレス鋼管の溶接は、ヘリウムやアルゴンといった不活性ガスを使って行なわれますが、これが軌道に乗りだしたのは1950年代に入ってからのことです。

4. 切削工具―産業革命と高速度鋼

大工さんの使うノミ、カンナ、ノコギリ。裁縫用のハサミ、針。ナイフも包丁もみな、工具鋼でできた製品です。またフォークとかスプーンなどの食器も工具鋼で作られた工具を使って成型加工されていますし、プラスチックの食器なども工具鋼の型を使って成型したものです。しかし、工具鋼の最も大きな用途は、旋盤、ボール盤、フライス盤などの切削加工機械に用いられる切削工具です。

13世紀のモザイク画〈箱舟をつくる大工たち〉にみる昔の"切削工具"。カンナ、縦挽きノコ、ナタなどが見える。

工具鋼の花形ハイス

19世紀の中ごろまでは、切削用の工具鋼として、もっぱら高炭素鋼が用いられていました。いまでも、ヤスリ、金工用の手引きノコの刃などに、炭素量1％前後の高炭素鋼が数多く使われています。

しかし、何といっても、切削用の工具鋼の花形は"ハイス"といわれる高速度鋼でしょう。高速で材料を切削加工できるというので High Speed Steel と名付けられたわけです。硬くて、摩耗によって減りにくい上に、適当な粘りをもち、さらに、切削中に刃先の温度があがってまっかになっても、硬さが保たれるというすぐれた性質をもっています。

炭素鋼の場合は、温度があがらなければ、刃物として非常に優れています

が、切削の速さをあげると刃先の温度もあがり、たちどころになまってしまいます。

18世紀後半から19世紀前半にかけての蒸気機関の開発によってもたらされた、産業革命による機械工業の進展も、切削工具、十分な高速切削に耐える工具材料の出現を求めて、足踏みを始めます。

20世紀初頭の革命

こんなとき、1861年にイギリスのロバート・マシェットレーによって発明された、高炭素－マンガン－タングステン鋼（炭素2.0〜2.4％、マンガン1.7〜2.5％、タングステン5〜8％）は切削工具材料に革命をもたらしました。高炭素工具鋼の数倍の切削速度で加工することが可能となったのです。以後、タングステンを含んだ合金鋼の開発研究が進み、19世紀末頃からアメリカのテイラーとホワイトによって18％タングステン、4％クロム、1％バナジウムという、現在の18-4-1タイプの高速度鋼（JIS-SKH2）の基本をなす材料が発明されます。

さらに1920年代にはタングステンをモリブデンでおきかえた、優れた粘りをもつ6％タングステン、5％モリブデン、2％バナジウム、つまり6-5-2タイプの高速度鋼（JIS-SKH9）が開発されます。

さらに、タングステンの炭化物の粉末を粉末冶金法という新しい技術で固めたもの、セラミックを使ったものなど、新しい工具材料が登場してきます。

しかし、高速度鋼を主体とした"鉄"の優位が崩れることはないでしょう。というのは、工具の形を作ることが容易だからです。軟らかくしておいて形を作りつづいて焼入れ、焼なましといった熱処理をするという、"鉄"ならではの特性が、重要な役割を演ずるからです。

5. 錠と鍵―〈泥棒〉対〈鉄〉

泥棒の歴史は、人類の歴史と同じだけ古いといいます。大昔は人間も、ちょ

うど犬のように大事なものは地面に穴を掘って埋めたようですが、建築技術が発達し収蔵場所が精巧になるにつれて、錠をつくることを覚えたのでしょう。錠の発明というのは、驚くほど古いようです。錠を発明してやれ安心と思っていると、敵もさるもの、いつのまにかこじあけられる。では、とさらに精巧なものをつくる。またこわされる、といったイタチごっこで現在まで発達して来たわけです。

ギリシャ時代の巫女の墓碑銘の絵。肩にかつがれているのは、上の図に示す金物の一種で、神殿の鍵といわれている。

世界で流行した南京錠

　エジプト時代の錠は木製だったようです。ギリシャ時代も木製のかんぬきと革ひもの錠が用いられ、次のローマ時代（B.C.750〜30頃）になると鉄製が現われますが、今では腐食してしまい、わずかに青銅製のかんぬきが発見される程度です。この時代には"南京錠"が広く使われました。地中海沿岸地方から近東にかけてさらに中国でも使われて、日本では正倉院の御物中に、その一種である海老錠が保存されています。

　ローマ時代には、すでに現在のウォード錠（鍵にとっては障害物になるクボミや突起がある錠）の原型と思われるものがあったと推定されています。紀元から中世18世紀頃まで"錠と鍵"の世界ではほとんど進歩らしいものもなく、18世紀後半になると産業革命にともなって、錠にも新しい発展がみられ、現在も使われているいわゆるタンブラー錠が現われて来ます。

鋼と黄銅の積層材も

　錠や鍵に使われる材料といえば、まず当然なこととして"必要にして十分な

強度をもっていること"が要求されます。また摩耗が少なく、サビたり腐食したりしないことも大切です。

　強いことといえば、実用材料としては鋼にまさるものはないでしょう。しかし残念なことにサビるという点で、砲金や黄銅などの銅合金にともすれば押されがちな現状で、鍵のほうもいいものは洋白（銅とニッケルの合金）でつくられているようです。

　しかし"強い"といっても、バールでこじあけられてやられたという経験をお持ちの方は、多いでしょう。私も昨年の9月はじめにやられました。幸い被害は1万円ちょっとの現金だけでしたが、銅合金のデッド・ボルトは無残に曲っていました。いくら精巧につくり、工夫をこらしても暴力にはかないません。サビに対してはステンレスを使うのも1つのいき方ですが、値段と加工性の点で問題があります。デッド・ボルトに黄銅と鋼とをサンドイッチにした積層材を使う試みも、あるようです。サビる欠点をうまくカバーしながら"鉄"のもつよさを生かしてゆくのが、技術者の役目なのでしょう。

6. チェーン—信頼をつなぐ鉄

　もう10数年前のこと、わが国のオートバイが国際的なレースで初めて優勝したときの話です。メーカーのH社長が「やっと実力を認められたのはうれしいのですが、チェーンもタイヤもすべて国産、というようにならないと…」と語っていたのが印象的でした。

　レーサーにとってはチェーンやタイヤの事故は死につながるのです。性能もさることながら、使いなれたものを、ということになりがちだったのでしょう。

重視されたのは戦後

　チェーンが、運動伝達の機構としてそのすぐれた機能を認められたのは、1880年頃。ハンス-レイノルズが今の自転車に使われているようなローラチェーンを発明してからです。当時、自転車をつくろうとしていたスターリー

が、早速そのチェーンを使って上々の成績を上げ、これを機会に自転車は、急速に広まって行ったと伝えられています。これにつれてレイノルズのチェーンは、機械工業にも取り入れられていきますが、このローラチェーンの出現から今日まで、100年と経っていないのは意外なことです。

わが国にチェーン工業が確立し、標準規格ができたのは、第2次大戦中のことです。そして戦後、欧米各国の機械装置が紹介されると、そこにチェーン伝導が広く使われていたことから、チェーンはにわかに重視されるようになりました。

チェーンの利点を支えているのはピンとブシュとローラです。ピンの外側とブシュの内側とは軸受けの役目をし、ローラは鎖車とかみ合うときのコロとなって衝撃を吸収する役目をしています。したがって、ピン、ブシュ、ローラには、高い機械的な強さと同時に、摩耗に強いこと、強靭であることが要求されます。もちろん部品として、高い工作精度が求められることは、いうまでもありません。

さまざまな鉄の集合

一見単純にみえるチェーンも、場所によって、材料と熱処理の方法が違っています。たとえば、リンクプレートは、高抗張力と強靭性が要求されるので、低マンガン鋼とかクロム・モリブデン鋼、ピンには、高抗張力、耐摩耗性、強靭性が必要なので、ニッケル・クロムはだ焼鋼、ブシュには、炭素はだ焼鋼を表面硬化処理し、ローラにはそれを浸炭硬化して使うといった具合です。

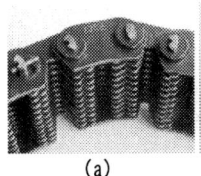

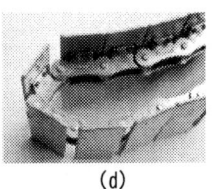

(a) HY-VO（ハイボー）チェーン。高速・大荷重の伝導用。
(b) サイレントチェーン。高速回転でも比較的静かな動力伝導ができる。
(c) 紙送りチェーン。コンピューターのラインプリンターに使用。
(d) トップチェーン。ローラチェーン応用の代表的コンベヤチェーン。

チェーンには、さまざまなものがあります（写真参照）。その名の通り"チェーン"は、機械と機械とを結びつけるものとして、重要な役割を演じているわけですが、何よりもたいせつなことは、素材である鉄の信頼性です。この信頼性があってこそ、はじめて"チェーン"は成り立つのです。

7. 手術用具―ステンレスの切れ味

『ワレンは左手にピンセットを、右手にメスを持っていた。そして親指でメスの刃先をさわってみた。ワレンが口を開くように命ずると、患者はおどおどしながらいわれた通りにした。…舌の先が醜く曲るほど大きな腫瘍が出来ているのが遠くの方からでもよく見えた。ワレンの左手が一瞬きらっと光って前に伸びるとピンセットが舌を挟んだ。…1秒の何分の1か後には、ナイフがさっと一切り舌を切り取っていた。切り取られた舌の先は、腫瘍がついたまま、下に落ちた』（"外科の夜明け"ユルケン・トールワルド著、塩月正雄訳から）

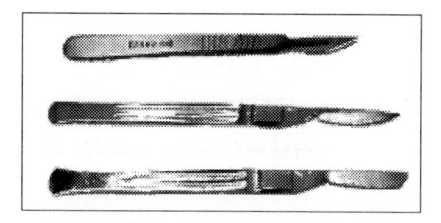

メス。刃だけ取り替えられるものもある。

これは、外科史以前の外科医の象徴といわれたアメリカ・ハーバード大学の、解剖学と外科学の教授、ジョン・ワレンの手術の模様です。1843年11月半ばのことで、当時はまだ麻酔も発達していなかったし、細菌による感染の問題についてもわかっていない時代でした。

昔はせいぜい果物ナイフ

"もの"を切る刃物として、炭素鋼にまさる"切れ味"のものはないでしょう。すし屋でも魚屋でも炭素鋼の庖丁を小まめに研いで使いますし、大工さんも細工師たちも一仕事しては研ぎ、といった使い方をしています。切れ味はともかく、よく手入れをしないとサビるという鉄の泣き所のためですが、台所は

もちろんお医者さんなど、衛生的でなければならない所では、よく切れてしかもサビない刃物が要求されるわけです。

　この頃のように、安全カミソリの刃もほとんどがステンレスになってしまうと「ステンレスは果物ナイフがいいところでとても刃物には」と言われていたのがウソのようになりました。かつてのステンレスは、加工のしやすさもあって低炭素の13クロムあたりが使われていたのですが、ここ10数年来の技術開発で高炭素高クロム（たとえば0.6～1.2％炭素、16～18％クロム、0.75％モリブデン、残り鉄）のステンレスに熱処理を施して、よく切れてしかもサビないステンレス刃物がつくられるようになったのです。

"切れ味"も鉄の可能性

　鉄はニッケルや銅とちがって変態があり、しかも合金をつくったとき、炭素のように鉄原子の間に割りこむものもあれば、ニッケルやクロムのように鉄原子と置きかわるものもあります。さらに鉄の中で、これらの金属は炭素と硬い化合物をつくります。このように多種多様なバラエティーがあることが、鉄のいろいろな可能性をもたらしているのです。

　"切れる"ということもその1つですが"切れ味"とは何かを解明するのは、なかなかむずかしいようです。ともあれ、サビなくてよく切れるメス、これがお医者さん－いや看護婦さんたちかもしれませんが－に与えた恩恵は、はかり知れないものがあるのではないでしょうか。

8. 橋の沓—すばらしい関節

　橋の命は、沓（くつ）、つまり支承のよしあしで決まるともいえるでしょう。沓というより、関節といった方があたっているかも知れません。上部の荷重を支えるだけでなく、温度の変化によって伸びたり縮んだりするのを適当にここで逃がしているわけです。

　このような変化を逃がすにはどういう設計にしたらいいのか、といったとこ

中央高速神奈川県小原橋。
○で囲んだ部分が"沓"

支承（沓）の模型。荷重がかかって回転運動をしているところ。

ろに沓の設計者の苦労もあるわけですが、どうしても結構複雑な形をしたものが必要になってきます。

複雑な形をしたものとなると、鋳物。鋳物というとナベ、カマ、ストーブが顔に浮かんで、何かもろい、弱い、安直なもの、といったイメージがつきまといます。しかし、今は鋳鋼をはじめ、鋳鉄鋳物もさまざまな物質のものがつくられるようになり、ねばいもの、伸びるもの、強さも鋼に匹敵するほどになりました。

いろいろな鋳鋼の顔

橋の沓には、目的用途によって鋳鉄と鋳鋼とが使いわけられていますが、鋳鉄も普通鋳鉄より高級な球状黒鉛鋳鉄が使われています。鋳鉄は、化学的組成は、高炉で生産される銑鉄とほとんど変わらないものです。炭素を2％（重量で）以上3.5％位含み（原子の割合だと15％内外）、この他珪素、マンガンやリン、イオウなどをも不純物として含んでいる鉄－炭素合金です。鋼の方の炭素はせいぜい多くて1.5％ぐらいですから、まさに鋳鉄は鉄と炭素の合金といえます。

鋳物に、ネズミだとか白、まだら、あるいは球状黒鉛といった形容がついているのは、含まれている炭素がどういう形になっているかによるのです。ネズミというのは炭素が黒鉛として片状に含まれていて、鋳物を割るとネズミ色に見えます。白というのは、炭素が鉄との化合物のセメンタイトの形で含まれて

いて、破面は白っぽく、またとても硬く、バイトやドリルの刃もたたない程です。まだらとは白とネズミがまざった形をしています。また球状黒鉛というのは、炭素がまるい黒鉛として出ているもので、特にマグネシウムやカルシウム、セリウムなどを微量加えてつくり出した組織で、伸びのある機械的に強い鋳物が出来ます。

鋳鋼は"まだ"100才

　鋳鋼というのは文字通り鋼をとかして鋳物にしたものですが、何といっても鋼はとける温度も1500℃以上と高く（鋳鉄だと1200～1300℃ぐらい）これをとかし複雑な形をしたものを鋳込んでつくるには高級な技術が必要です。鉄の歴史の中でも、せいぜい100年といった新人です。たかが、杏やげたといっても橋の場合はこうした近代の鉄鋳物のかくれた成果が使われ、縁の下の力もちとして橋を支え結び目となって、どっかと大地に根を下ろすことを可能にしているのです。

9. ステープル―手軽な力持ち

　"子は鎹（かすがい）"という古い諺がありますが、2つのものを接続するものとして、"かすがい"は、古墳から出土しているところをみると太古から使われていたようです。古いものは板形、江戸の中期頃になると角形の断面のものが現われ、明治以降、洋釘の普及にともなって現在みるような丸型断面のものになります。

　遺構にみられるものとしては、法隆寺東院（藤原末期13世紀の始めの建築）で使われているそうです。しかし多くは、桃山時代以降の補強によるもので、その形は多種多様です。

銅やアルミニウムでは…

　"staple"は"かすがい形"をしたものの総称ですが、現在われわれの身の回

りでは、文書をとめたり、製本、箱などに使われている"コの字形"を打ちこんで、さらに曲げる形式のものが圧倒的に多いようです。大小さまざまな種類のステープルがこれ程普及するようになったのは折り曲げて止める機械のおかげといえるでしょう。"子は鎹"どころ

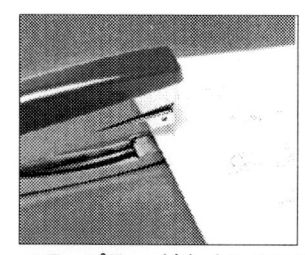

ステープラー（左）といろいろなステープル。
ステープルを装てんし、紙などをとじる。アメリカの兵器発明家ベンジャミン・ホチキスが発明しHotchkiss-paper-fastenerの名称で商品化されたため、ホチキスの俗称で知られているが、JIS規格ではとじる器具をステープラー、とじ針をステープルという。

ではなく、あらゆるものを手軽に止め合わせるものとして、ステープルは縁の下の力もち的存在です。家具や建築物にも量産化にともない、ステープルが数多く使われるようになっています。

ところで、その素材ですが、銅ではやわらかくて物を貫くことができません。アルミニウム等の材料は折り曲げのくりかえしに弱いので、たとえ物を貫くことができたとしても、何回か力がかかるとポキリと折れてしまって"かすがい"の役をしません。

洗濯物にはステンレス

鉄はサビるという泣き所はありますが（亜鉛めっきや銅めっきをしたり、黒い酸化被膜をつけて一応の防錆処理はしてあります）、物に突きささり、折り曲げに対して強いということ、低廉さということを考え合せれば鉄以外の材料は考えられないでしょう。

わたくしたちが、日常書類をとめる等の用途に使っているステープルは、炭素量0.06％程度の軟鋼線材を材料にしたものです。何しろ相手は紙ですし、それもわずかの量をとめるものですから細く、またいく分軟かい方が使いやすいといえます。一方、文具用でも大形のものや、梱包用、木工用、壁の下に使う金網のラスをとめるものなどになると、かなりの強度を必要としますから、炭素を0.2〜0.4％含んだ中炭素鋼が使われます。

また、特殊な用途ですが、洗濯屋さんなどが札どめに使うものは、サビては困りますので、ステンレスを材料としたものがつくられています。
　たかがステープル、などと軽視できません。適材を適所に使いわけ、物の整理、作業の省力化、自動化、能率向上に大いに役立っているのです。

10.　電動機—動力と強磁性

　昨年来の石油危機で、街のネオンも消え、照明広告も自粛、エレベータも半分にといった生活が続くと、電気の有難味を少し思い出したような気がします。照明はともかく、動力としての電気は、私たちの生活からもう切り離せません。電気がエネルギーとしてすぐれているのは輸送に時間と手間

全閉外扇型誘導電動機

を要しない、衛生的、スイッチを入れるだけで使えるなど数多くの利点に加えて、何といってもモーターによって安易に動力として使えるという特長があるからです。

電気と磁気の相互作用

　電気をつくるにはエネルギー源として火力や水力が必要ですが、これを電気にかえるには、鉄がなければなりません。電気は鉄を使わなくても、原理的にはつくることができます。しかし、たくさんの電気を経済的につくるためには、鉄がどうしても必要なのです。電気を経済的に使うためには交流が使われますが、発電所で発電された電気は、長距離送電に有利なようにまず変圧器によって何十万ボルトといった高圧にされて銅線（この頃はアルミニウムも使われますが）を通って、変電所に送られて行きます。ここで、適当な電圧に下げて工場へ、さらに家庭へと送られます。発電し、電圧を変え、また電気を動力に変えるためには、いずれも電気と磁気との相互作用を利用しているのです。

そこで、鉄のように強磁性をもった材料が必要になるわけです。強磁性を示す金属は他にもコバルトやニッケルなどがありますが、事実上鉄以外は問題になりません。

珪素鋼の登場で発展

　鉄は鉄でも、磁石の場合とはちがった性質が、変圧器やモーターに使われる鉄には要求されます。純粋な鉄は磁気的には非常にすぐれた材料なのですが、工業的に純粋な鉄をつくることはむずかしく、また電気抵抗が小さいので変圧器やモーターのように交流で使うものには不適当です。鉄に珪素を加えると電気抵抗が増し、ヒステリシス損とか渦流損と呼ばれるエネルギー損失を大幅に減少させることができることがわかったのは、1880年頃から1900年にかけてのことです。1903年にドイツで珪素鋼板がはじめて製造されてから、性能もつぎつぎと改良され、1930年から1935年にかけてアメリカのゴスによって画期的な加工方法が発明されて急速な進歩をとげます。現代では鉄鋼生産の1％程度を、この珪素鋼板が占めています。モーターや発電機に使われているものは、冷間や熱間で圧延した無方向性珪素鋼板で、珪素が1％位から3.5％まで含まれています。方向性珪素鋼板はもっぱら変圧器や特殊な電機装置に使われています。最近の電気機器が小型化してきているのは、珪素鋼板の改良、発展によるところが大きいのです。

11.　ねじ―リベットからネジへ

　アルミニウム合金の破片にまざって、あちこちに散らばるサビたボルト、ナット、小ネジ…。赤サビているとはいえこんなに鉄のボルトやネジがあるとはほんとうに予想外でした。1971年の12月30日、大島の通称裏砂漠の砂に、今でも埋れたままに、なっているもくせい号の破片採集に行ったときのことです。（墜落したのは1952年4月9日）

すすんでいる規格化

　しかし、物を組みたてるために大量のネジが使われるのは当然のことです。時計に使われる小ネジから、大きいものではビルの建築工事に使われるボルト、ナットまで。火花を散らすリベットの音が聞こえなくなったのは、不況のせいではありません。船体用鋼板の接合は、第2次大戦以後ほとんど溶接に置きかえられ、構築物用鉄骨の接合も次第にボルト、ナットを使った工法に代わりつつあるのです。高張力のボルト、ナットを用いた接合工法は、わが国では1954年国鉄高山線に架設された工事用鉄道橋に初めて試用され、本格的ビル建築工事には1958年の東京・京橋のブリヂストンビルの増築に使われたのが最初でした。

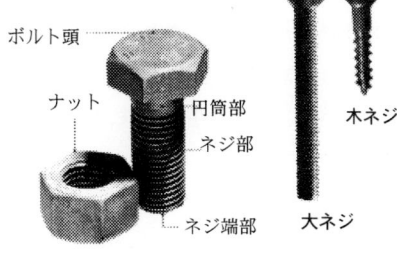

　リベットにくらべてネジによる接合が持つ利点は、確実性に加えて、ネジの国際的な規格化、標準化が進んでいることです。これによって、規格の製品が大量に安く造られ供給されるわけです。ネジの規格化は今からもう100年も前、イギリスのサー・ジョセフ・ウィットウォース（Sir Joseph Whitwarth）によって試みられたのが始まりです。インチ制にもとずくウィットねじはかつては盛んに使われたものですが、最近はより標準化の進んだISOねじに代わりつつあります。ISOとはInternational Organization for Standardization（国際標準化機構）の略語です。

加工・用途に適した鋼材

　ネジの材料としては電気関係や非磁性を必要とする所には銅合金はじめ特殊な材料が使われますが、構築物用としてはもっぱら鉄鋼材料が使われます。しかし鉄鋼材料といっても、昔はネジの工作法が主として切削であったので、それ向きのものが使われましたが、最近は、ほとんどが転造加工とか冷間での圧造に変わって来て、これらの加工に適した鋼材が使われるようになっています。一般には炭素が0.1％前後のリムド鋼ですが、六角ボルトや植込ボルトな

どで引張強さが大きく、冷間圧造でつくるものには炭素量が0.1％位から0.5％位までのキルド鋼が、また高張力ボルトにはクロムを1％前後含んだ合金鋼などが使われます。ネジが使われるのは何よりもその確実な接合ということにありますから、使用物件の吟味、熱処理の良否といったことが使用上は重要な要素となります。

12. PC鋼線—力を与える鉄

鉄とセメントという異質の材料が、長短相おぎなって結びつき、鉄筋コンクリートが誕生したのは19世紀の後半のことです。これがさらにプレストレスト（PS）・コンクリートという強力な構造材として飛躍的な発展をとげるのは、戦後です。

東京オリンピックや大阪の万国博の準備に大わらわだったときには、このプレストレスト・コンクリート工法によって橋や高速道路などの構造物が次々につくられて行くのを、都会のなかでも、いたるところで眼にしたものです。

コンクリートに引張り力を

PSコンクリートの内部には、普通の鉄筋でなく高張力鋼の鋼線や鋼材（PC用鋼）を、弓なりにカーブした管の中に通し、両端で強い力で引張りを与えてしっかり定着してあるのです。

コンクリート材は圧縮には強いのですが、引張りに対して非常に弱いのが欠点です。したがってコンクリートの柱や梁にまげの力が加わると、ひび割れができて

PC鋼線の素線となるピアノ線は鋼線の中で最も引張り強さが強く（最大230kg/mm^2）ピアノの弦などに用いる

簡単に折れてしまいます。そこで梁の引張り側に高張力鋼の線などの鉄筋を入れ、これに強い引張りの力を与えておくと、コンクリートの方はあらかじめ強い圧縮力をうけていることになり、そのため弾性に富んだ、丈夫な梁が出来ることになります。このようにあらかじめ応力を加えるというので、プレストレストというわけです。

この工法がわが国に本格的に入って来たのは1960年代になってからで、前述のようにオリンピック施設や高速道路、新幹線の建設に大いに力を発揮しました。

すぐれた鋼線の定着法

この工法のきめ手は2つあります。ひとつは、材料としての高張力の鋼（PC用鋼）と、引張りをかけて（一般には土木工事や大きな建築工事では、現場でこれを行ないます）定着させるための仕かけです。

この定着法については、本誌の1970年の5号でご紹介しているSEEE工法を始めいくつかの方法がありますが、特にSEEE工法は、まったく新しい可能性を土木建築分野に生み出しています。

PC用鋼は引張り強さの大きいことは当然重要な条件ですが、さらにいくつかの施工上の性質が要求されます。曲りぐせがなく、伸直性が良好なこと、定着のさいに事故を起こさないようもろくないこと、コンクリートの付着が良好なことなどですが、さらに応力腐食を起こして自然に切断することのないような材料でなくてはいけません。

一寸見ると普通の鉄筋コンクリートのように見えますが、プレストレスト・コンクリート工法はPC鋼線の縁の下の力もちとしての役割によって、従来の鉄筋コンクリートとはまったくちがった強力な構造材となり得ているのです。

（川崎製鐵株式会社「鐵」1974年No.1～12）

鉄のはなし

　鉄は、われわれをとりまいている自然の中で、もっとも身ぢかな金属である。そして、いろいろな文化や工業の基礎をつくり、また、平和にとっても、残念なことに戦争にとっても、なくてはならない武器である。鉄ほど、人類の過去や現在に、そして未来の運命に結びついている金属はない。
　人類はその全歴史を通じて鉄とのたたかいを続けて来た。これからもそれは続いて行くことであろう。　　　　　　　　　　　　　A.E.フェルスマン

1. 鉄のエピソード

　人類が鉄を手にしてから、少なくとも5000年はたっている。
　西紀前3000年以上も前にたてられたピラミッドの石づみの中から鉄製のナイフが見つかったというから、鉄が使われ出したのは世界史的にみれば意外に古いわけである。石器時代、青銅時代そして鉄器の時代、現代は鉄文化の花咲いている時代である、と昔習ったような気がする。だとすると鉄の時代が始まってからは、せいぜい2000年か3000年にしかならない。三種の神器のひとつ、草なぎの剣は鉄か青銅か。鉄の剣だとすれば、日本紀元はせいぜい2000年だといった議論を中学生の頃かわしたものである。というのは、神武紀元の前に、数百年いや無限大の"年"が三種の神器の話との間にはあるからである。ちょうど紀元2600年祭が盛大に行なわれた頃であった。
　南アメリカの先住民族たちはつい数百年前、ヨーロッパ人たちが足をふみ入れるまで、鉄を知らなかった。金、銀、銅器は倉にみちあふれていたけれども鉄器らしいものは何ひとつ知らなかったのである。高度の文化が築き上げられていたにもかかわらず、彼らは、あの昔の鍛冶屋の使った"ふいご"すら知らなかった。銀や、金をとかすには自然の通風を利用した小さな炉でことたりたし、火をおこすのには火吹竹で吹けば用が足りたのである。

鉄を知らなかったことは、彼らにとって火をコントロールする必要を感じさせなかったのである。

　アラビア人は、金のしずくが天から砂ばくにおちて、地上で銀にかわったが、天のおくりものをめぐって人々が争ったために銀が黒い鉄に変わってしまったのだ、という古いエジプトの物語を語り伝えている。それでもなお人々は争いつづけたので、天は呆れはてて黒い鉄を茶色の土に変えてしまった。

　天は罪なことをしたものである。鉄が茶色の土に変わることによって、人間に忘却ということを教えた。いつまでも黒い鉄に変わったままであったなら、それを見るたびに争いの無益なことを悔んだであろう。

　1916年のベルダンでのたたかいで、この独仏国境の野原は完全に新しい鋼鉄の産地に変わってしまったといわれる。半トンもの重い弾丸が1時間に12万発も発射された日があったというから無理もない話である。しかし、その鉄たちも一日たち二日たつうちに、いつしか土に変わり、苦い争いの思い出も消えていった。そして、再び同じことが30年もたたないうちにくり返されたのである。

　大学で、なにも薪のくべ方の話しをしなくても…。もう20年も前の"鉄冶金学"の講義でのつぶやきである。たしか、キュポラか何かに、はじめて火を入れるときのことであった。薪をこうこうつんで、そして…、というわけである。いらい講義の時間は他のことを考えることにした。必修であるからサボることはできなかった。

　それから何年かたった。鉄屋になった仲間と昔語りをするときがある。"だから、鉄冶金がきらいになった"とはこちらの言分である。いや、現場に出てあれ程役に立ったものはなかった、"薪のくべ方をあれ程くわしく本には書いてないからね"とは鉄屋の言分である。たてにつんでも、横につんでも要するにいかにして能率よく燃やすかということで…とは技術にうとい者の言分なのかもしれない。

　われわれは黒い鉄を白くし、赤い土になることを防ぐ方法を見出した。しかし、鉄冶金学は少なくとも私にとってはエジプトの昔から変わったようには思えなかった。

2. いまだにわからない鉄の性質

長い歴史にもかかわらず、これ程、いまだに解き明かされていない金属もないのではないだろうか。

われわれが知っている"鉄"というのは、鋳物に使う鉄も、日本刀に使われた鉄も、釘に使う鉄も、炭素の量の多い少ないはあったとしても、いずれも鉄と炭素の不純な合金で、金属元素としての鉄ではない。

高純度でなければ物の役に立たないシリコン、ゲルマニウムはさておいてもアルミニウムでも、いわゆる、フォア・ナイン、ファイブ・ナインを手に入れることは容易である。しかし鉄では99.95％といえば、ひじょうに高純度なものであって、きわめて得がたいものなのである。

一般に純鉄といわれているものには、電解鉄、カーボニル鉄・スエーデン鉄、アームコ鉄、還元鉄などがある（第1表）。

電解鉄は、低炭素鋼を陽極にして電解精製したもので、ガス（水素、酸素、窒素）を多く含んでいる。

カーボニル鉄は、鉄カーボニル〔$Fe(CO)_5$〕（鉄に一酸化炭素を作用させて作る）を分解させてえられる純鉄粉で、これを粉末冶金で所望の形とする。

スエーデン鉄は、純度のよい鉄鉱石を高温で還元してえられる鉄粉で、還元鉄は、原料として製鋼所ででてくるスケールを使ったものである。

アームコ鉄は、不純物の少ない原料鉱石、石灰石、コークスを使って銑鉄を作って、これを原料に平炉で作ったものである（アームコ社 – American Roll-

第1表 普通純鉄の組成の一例

主な不純物 種類	C%	S%	P%	Si%	Mn%
電 解 鉄	0.002	—	0.0001	0.001	0.002
スエーデン鉄	0.085	0.04	0.046	0.02	0.09
アームコ鉄	0.023	0.02	0.007	0.007	0.025
カーボニル鉄	0.0007	—	—	—	—
還 元 鉄	0.0045	0.0015	0.001	0.002	0.0002

第2表　高純鉄の分析例
（フランス Centre National de la Recherche Scientifique 製のもの）：単位は ppm

Sb : 0.002,	As : 0.002,	Bi : 0.1,	Br : 0.01,	Cd : 0.01,	Ca : 0.5,
C : 10.25,	Cr : 0.1,	Co : 0.25,	Cu : 4.8,	H : 0.01,	Mn : 0.5,
Mo : 5,	Ni : 0.5,	P : 0.02,	K : 0.01,	Rb : 0.01,	Sc : 0.01,
Se : 0.01,	Ag : 0.1,	Sr : 0.5,	S : 0.5,	Zr : 1	……

検出された不純物の全量約25ppm

ing Mill Co. で作ったのでアームコ鉄といわれる）。

　これらのものは、いずれも工業的な純鉄で99％よりは、いく分純度が高いといった程度のものである。

　研究室的には、これらの工業的純鉄を使って、さらに面倒な化学的操作や物理的操作を何度もくりかえすことによって、不純物を少なくし、ガスも可能なかぎりぬいて行く。

　こうしてえられたものの例をみると（第2表）、たしかにひじょうに高純度だとは思うが、まだまだいろいろなものが入っているし、ともいえる。しかし分析手段が精密に、感度が高くなればなるほど、今まで検出できなかったものが、可能となってくるからでもある。

　似たような矛盾が融点や変態点などについてもいえる。たとえば鉄－炭素系の状態図を見ても、昔のものほど、けた数が多く記されている。40年も前の測定に、もちろん、それほど精度があったわけではない。

　酸素とか炭素といった、鉄にとってもっとも苦手の不純物―すぐ入りこんでしまうし、いったん入ったらなかなかとりにくい―は、鉄の磁気的性質にひじょうに敏感に作用する。とくに最大透磁率はもっともいい目安となる。少し古いデータだけど、炭素、酸素が少なくなると格段によくなってくる（第1図）（第2図）。

　年とともに、研究が進むにつれて、どれ程よくなってきたのかは第3図から明らかであろう。

　高純度になってくると今まで気のつかなかったことがおこってくる。

　たとえば、酸素のひじょうにとけこみにくくなるのも、そのひとつである。

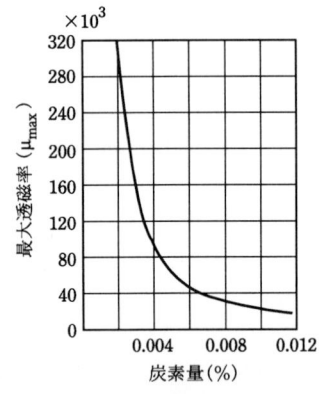

第1図 最大透磁率と炭素量
（Yensen と Ziegler による）

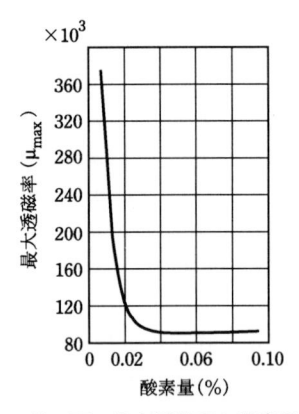

第2図 最大透磁率と酸素量
（Yensen と Ziegler による）

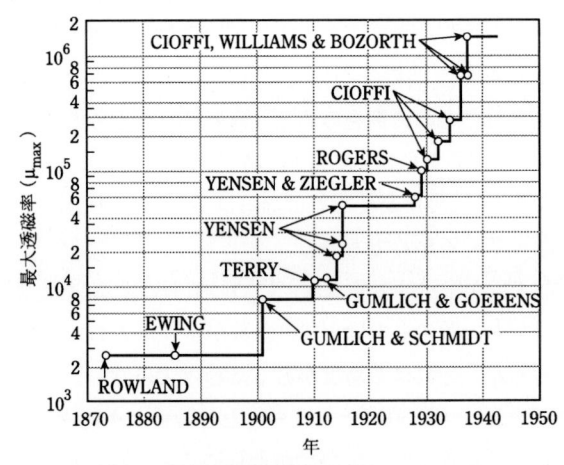

第3図 最大透磁率は年とともに、いかに変わったか、図中の名前は測定者（Bozorth による）

　ゾーンメルト*して精製したものには全くといっていい程とけこまないし、また温度が上がっても一向にふえてこない（第4図）。

　同じことがイオウ、水素についてもわかっている。

---

* ゾーンメルト（zone melting）：zone purification ともいう。不純物濃度を減少させる目的で、試料母体に沿って溶融帯を移動させる方法。

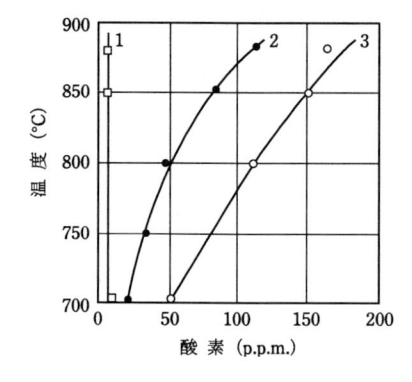

第4図　鉄への酸素の溶解度
（Sifferlen による）
1. ゾーン精製したもの
2. 電解鉄（1200℃でなましたもの）
3. 電解鉄（880℃でなましたもの）

　普通純度の鉄の単結晶は比較的作りやすいものである。しかし、純度が上ってくると、とくに炭素量が少なくなってくると、歪の回復にあたってポリゴン化**が起こりやすくなり、再結晶で単結晶が生成されるのを妨げるようになる。アームコ鉄を長時間水素処理して炭素をへらすと、単結晶の成長はさまたげられるが、これに再び200ppm***程度の炭素を入れてやると単結晶がえられる。

　鉄に変態がなければ、液体状態から徐冷して成長させるというやり方で単結晶を作ることも可能であろうが、残念ながら変態があるので、いわゆる歪－再結晶法（よくなました試料をわずか引き伸して、ごく微量の歪を与えてから、なまして再結晶させる方法で、アルミニウムの単結晶作りによく使われる）を使うわけである。

　高純度になれば、転位のふるまいも大いに変わってくるだろうし、塑性変形の研究には是非単結晶をといいたいところだが残念なことである。

　いままで、大真面目で論じていた鉄とアルミニウムの差、体心立方晶と面心立方晶の金属の塑性的性質の本質的なちがいといったものも、案外不純物の仕業だったなんてことがおこらないでもない。

** ポリゴン化：ポリゴニゼーションともいう。加工された金属内の多数の転位が焼ましによって安定な状態に再配列し、亜境界を形成する過程。

*** ppm とは parts per million の略。200ppm は 0.02％にあたる。

3. 鉄の変態の不思議

そんな馬鹿なこと……どの本にも、また常数表にもれっきとした変態として記載されているではないか、と一喝されそうである。鉄の学問、いや工業の発展にとっては、極端なはなし変態あってのことであって、もし変態がないとなれば様子はガラリ一変するであろう。焼入れて、マルテンサイトにしてなんて話は一切いらなくなるわけである。

もちろん、そんな馬鹿なことはない。しかしである。高純度の鉄と炭素との"純粋な"2元系は、果たして、これまでに知られている鉄－炭素系の状態図のようになるであろうか。酸素も、水素も、窒素も、そしてその他の不純物もきわめて少ないとき、変態はどう変わって行くであろうか。残念ながら、この疑問に答えるだけのデータはまだできてない。

1930年頃から、真空冶金の発達と相まって、各種のガスと鉄との相互作用が研究され、その影響の意外に大きいのに驚いた。この当時アメリカのEsserは純鉄を水素炉中で熱処理し、以後、真空炉で$\alpha \rightleftharpoons \gamma$の変態がどう変わるかをくり返し観察した（測定は示差熱分析）。くり返すごとに、ごくわずかではあるが変態点が高温側にずれてくるではないか。一方、$\gamma \rightleftharpoons \delta$変態点は、これまたわずかではあるが逆に下にずれてくる。

もちろん、純鉄といっても当時のものは前述のように99…程度のものであった。より一層純粋化されたら、上下の変態点はくっついてしまうのではなかろうか。鉄の変態はごく僅かの不純物のせいではなかろうか？これがEsserの出した率直な疑問である。

当時から、33年たった今でも、やはり厳然と変態の存在しているところにも明らかなように、事態は、Esserの期待したようにはならなかった。また温

第3表 純鉄試料とそのポリゴニゼーション温度（Chaudronによる）

ゾーン精製した 10ppm Cのもの	200℃
電解精製した 150ppm Cのもの	650℃
アームコ鉄	850℃

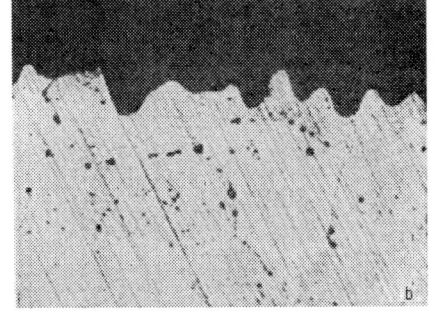

第5図　酸化物のでき方の純度によるちがい
a) ゾーン精製したもの、850℃で3時間なましたもの、約600倍×1/2
b) 電解鉄、850℃で1時間なましたもの、約1100倍×1/2
粒間に腐食が進行しているのが見られる。上の黒い部分が生成された酸化物。

度も当時と比べて別にさして高くも低くもなってはいない。

　10何年か前の学会の折、高純鉄を手がけていられるM教授が、$\alpha \rightleftharpoons \gamma$ 変態にさいしての電気抵抗の変化を、試料を水素処理した後、真空炉で加熱測定をくり返すと、くり返すにつれて変化が小さくなり、何回かするとついには検出できなくなることを話しておられた。変態がなくなるわけでなし、どうも不思議でしてと首をひねっておられた。

　たしかに変態がなくなったのではなかろう。ただ、変態にさいして電気抵抗が大きく変わったのは、主としてここを境に水素の溶解度が急激に変わるために惹き起こされたことで、本質的にはほとんど抵抗変化（普通の測定で容易に検出できるほどの）がないということによるのであろう。

むすび

　高純度の鉄が、ある程度大量に得られるようになってから日も浅い。分析手段も最先端のものを駆使しないと、不純物を具体的に明らかにできない。した

がって、これらを使った研究もまだごくかぎられている。大量に使って、各種の物理測定をやり、あるいは合金を作るというわけにはいかない。

普通の鉄がキログラムあたり30円とすれば、電解鉄で10倍の300円、それがより高純になれば100倍から1000倍に、銀などよりはるかに高くなってくる。

高純度鉄の研究が進むにつれて、鉄にまつわる各種の伝説も、おいおい実体が明らかになってくることであろう。

イギリスでもドイツでも"鉄鋼"についての学会がまず生まれ、ずっとおくれて"金属"の学会が誕生している。日本にしても事情は同じである。しかしその"金属"も充分成長しないうちに"新しい金属"へ、"物性物理"へと分科し、金属を扱う学問分野は非常に広くなって来ている。

そして、言葉は同じだが包含している概念がちがうといったことは、ますます甚しくなってきている。

参考文献
<鉄の変態現象について>
　大和久 重雄：金属の変態（100万人の金属学），「金属」32巻（1962年）20号，21号
<転位について>
　幸田 成康：金属の塑性（100万人の金属学），「金属」33巻（1963年）2号
　鈴木 平：金属の強度（100万人の金属学），「金属」33巻（1963年）5号
　橋口 隆吉：転位のはなし（100万人の金属学），「金属」33巻（1963年）3号
<純度について>
　高村 仁一：金属の純度と再結晶（100万人の金属学），「金属」33巻（1963年）7号
<ポリゴニゼーションについて>
　高村 仁一：同　　上
<状態図と結晶構造について>
　長崎 誠三：状態図の話（100万人の金属学），「金属」33巻（1963年）22号・23号
　長崎 誠三：金属の結晶構造（100万人の金属学），「金属」33巻（1963年）8号

（「金属」1963年9/1号）

（編注）上記参考文献は『復刻 100万人の金属学 基礎編』（2003年アグネ技術センター発行）中に収められている。

鉄の科学

1. 浸炭の秘密

鋼の肌を焼く

　日ごろ日光浴などしたことのない青白い都会人が、たまに海水浴に出かけて強烈な太陽光線に裸をさらしたりすると、皮がペロペロむけて、ひどいことになってしまいます。しかし普段から裸で労働して、赤銅色に肌を焼いている漁夫なら、別に特別なオイルなんか使わなくても、夏の海の太陽で火傷することなどありません。

　鋼の中にも肌焼き鋼と呼ばれるものがあります。鋼の"肌を焼く"とは変ないい方ですが、私たちの肌が適当に焼くことで強くなるように、鋼も、肌を焼くことで切れ味を増したり、摩滅しにくくなったりするのです。浸炭とかチッ化と呼ばれる表面処理の技術がそれで、ずいぶん昔から経験的に行なわれてきました。肌焼き鋼とは、このために使われる炭素量の少ない鋼の呼び名です。

軟かくて硬い鋼をつくる

　タガネとか歯車、クランクシャフトのようなものを考えてみますと、全体としては適当なねばさが必要であるとともに、表面は硬さが求められます。鋼の表面だけを硬くする表面硬化法には、いろいろな方法がありますが、もっともポピュラーなのが浸炭とチッ化法です。

　鋼は、鉄という金属元素と炭素との合金です。炭素の量が目方で2％位まで（原子の割合ですと約9％）入ったものを鋼と呼んでいます。炭素の量が少ないものは軟かく、多くなると硬くなります。鋳物に使う鋳鉄は、炭素が3％前後入ったものです。

　軟かい鋼で、形をつくり加工をしておいて、あとから表面のごく薄いところにだけ炭素をしみこませて硬い鋼の部分をつくる－つまり硬い鋼の皮をかぶせるのが浸炭法というわけです。チッ素も、炭素と同じように、鉄の中に入って

硬い層をつくります。

　タガネや歯車を木炭の粉と炭酸バリウムなど浸炭を促進する薬品を混ぜたものといっしょに箱の中に入れ、空気が出入りしないように粘土などで目張りをしてから炉の中で800から900℃位の高温で適当な時間加熱します。こうすると、炭素は一酸化炭素ガスとなって鉄の中に浸入し、表面に炭素濃度の高い、硬い鋼の部分ができるのです。

合金のふたつのタイプ
　では、炭素が浸入するとはどういうことなのでしょうか。
　金属の合金には、大別して2種のタイプがあります。ひとつは、真ちゅう（黄銅）のようなものです。真ちゅうは、銅の中に亜鉛を30〜40％とかし込んだものですが、亜鉛は銅の結晶の配列は変えず、銅の原子を押しのけてその場所に入ってきます。碁盤の上で白い石を銅の原子、黒い石を亜鉛の原子にみたてますと、白が全部の目を占めていたものを、ところどころ黒い石で置き換えたような状態です。このような合金を置換型といいます。
　一方鉄に炭素やチッ素が合金化する場合は鉄の原子はそのままで、鉄の原子と原子のスキ間に炭素やチッ素の原子が割り込んでいきます。というのは、炭素やチッ素の原子は鉄の原子に比べてずっと小さいので、こんなことができるのです。それでも炭素やチッ素が割り込むと、その影響でひずみがおこり硬くなります。このような合金を割り込み型といい、鉄、チタン、ジルコニウム等に見られます。
　ところで、鉄、炭素、チッ素の原子の大きさを比べてみますと、原子を球と見立てたときの直径が、鉄は2.52Å（オングストローム、10^{-8}cm）、炭素が1.54Å、チッ素が1.06Åとなっていて、鉄に比べて炭素、チッ素の原子が小さいことがわかります。

鉄の変態と炭素の割り込み方
　鉄は体心立方といわれる結晶構造をしていますが、900℃位になりますと、面心立方格子という形に原子の並び方が変わります。そしてさらに1400℃位

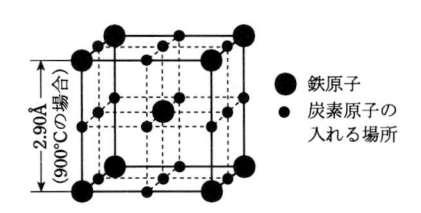

α鉄とδ鉄（体心立方格子構造）の
原子の並び方
　炭素は実際には、18個所のうちひとつ
を占めるか占めないかである

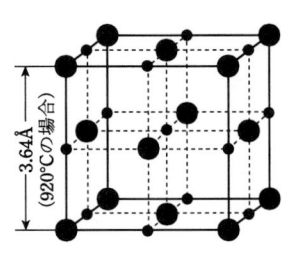

γ鉄（面心立方格子構造）の
原子の並び方
　炭素は実際には、13個所のうち
ひとつくらいを占めている

になると、もう1度体心立方に変わります。これが鉄の"変態"です。
　図でごらんいただくように、体心立方のときはスキ間が小さいので炭素はあまり割り込めません。これが面心になると、ずっとたくさんの炭素が割り込めます。やわらかい鉄や硬い鉄、さまざまな機械的性質をもつ鋼がつくり出せる秘密のひとつは、ここにあります。

2. 鉄の性質をきめるもの

金属の王者を支える力

　もし、炭素の協力がなかったら、鉄は材料の王座を占めることはできなかったでしょう。炭素の鉄に対する協力は、産婆さんとしてはじまります。鉄鉱石から酸素を追い出して鉄をとりだすのは、還元剤としての炭素のはたらきです。もっとも、経済性を無視すれば、この役割は水素に代わってもらうこともできます。しかし、炭素の第2のはたらき－鉄と合金して"鋼"をつくることは、炭素でなくてはできない仕事です。
　鋼（Steel）という言葉は、現在では高級ステンレス鋼のように炭素が不純物として存在しているにすぎないようなものにまで用いられ、広く鉄合金の代名詞になっていますが、本来は鉄と炭素が入った加工性を持つ合金のことで

す。炭素の量によって低炭素鋼、中炭素鋼、高炭素鋼と呼ばれ、材料としての鉄の大半を占めています。

状態図からわかること

さて、鉄と炭素の結びつき方は、大きく分けて2種類あります。第1は、鉄の原子がつくっている結晶格子のなかに炭素が無理矢理割り込んで席を占めるやり方です。第2は、鉄原子3と炭素原子1の割合で規則正しく格子を組んで、セメンタイトと呼ばれる硬い炭化物をつくるやり方です。セメンタイトは、多くの炭素を含んでいますが、あまり安定な化合物ではなく、究極的には鉄と炭素（グラファイト）に分解してしまいます。

さて、このような鉄と炭素の結びつきの諸相を示したのが状態図（または相図）です。普通、横に組成を縦に温度をとって表わします。組成のとり方は実用的には重量比を、理論的に考えるときは原子数の比で示します。

前回にも書いたように、鉄は約910℃以下で体心立方格子、910℃〜1,400℃で面心立方格子、1,400℃以上で再び体心立方格子と結晶構造のかたちが変わ

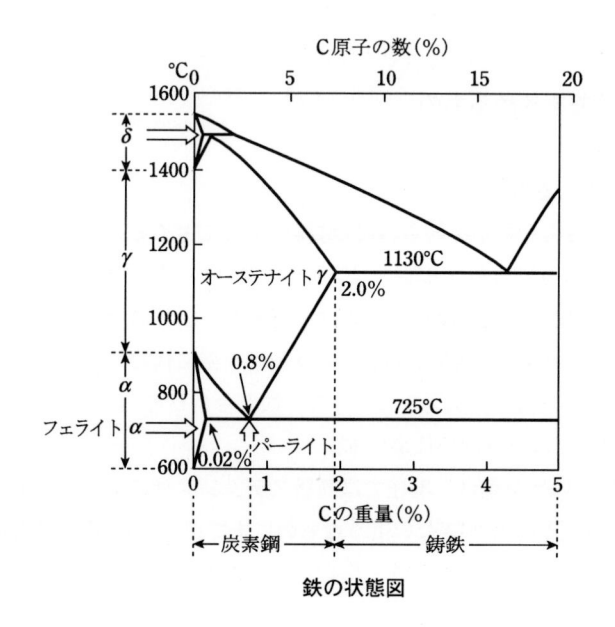

鉄の状態図

ります。状態図のなかでは、α（通称フェライト）、γ（オーステナイト）、δと書いてあるのが、この3つの状態が存在している領域で、"相"と呼びます。α相では約720℃のとき炭素を最も多く含むことができ、その割合は重さで0.22％、原子数だと0.095％、つまり鉄原子1,000個に対して炭素原子1個が入れるわけです。

ところが、面心立方のγ相になると、温度約1,150℃で重さで2％まで、原子数では鉄の1,000個に対して100個の炭素が入れます。しかし、図からもわかるように、γ相は高温でしか存在できません。では、γ相でたくさんの炭素を含んだ鉄の温度を下げたらどうなるか。

炭素がムリに割込むと…

まず、ゆっくりと温度を下げてゆくと、分解してα相と炭化物セメンタイトの細かく混じったものになってしまいます。これがパーライトです。一方、急速に冷してやると、分解するひまがなくて、体心立方のα相のなかに無理矢理余分の炭素が押しこまれた状態－過飽和の状態になります。これをマルテンサイトと呼ぶのは、ドイツの鉄鋼研究の大先生マルテンスMartensに因んだのですが、炭素を余分に含むため、格子の縦軸はいく分伸びて体心立方格子という形になっています。

炭素の量がふえ、無理な割り込みが多くなるにつれて、結晶構造にはひずみがふえ、非常に硬くなります。一般には、マルテンサイトでは硬すぎるので、焼き戻すという処理をして炭素をいく分はき出させ、ねばりを適当に増して使います。炭素量の多いもの、0.6～0.7重量％のものは、鉄道の車輪のタイヤに、さらに多いものは工具鋼としてバイト、ダイス、ヤスリ、カミソリなどに使われます。

炭素量と火花

このように炭素量の多少は、材料としての鉄の性質を変え、用途を決めるものですが、炭素の量の分析は、相手がガスになってしまうのでなかなか難しいのです。ところが、幸いなことにグラインダーで研磨するときに出る火花を見

ると、かなりの精度で炭素の量を知ることができます。さらに経験を積めば、合金鋼についても、ある程度の判定ができます。簡単ですが立派な鋼の鑑定法です。

火花の効用も、意外な所にあるものです。

3. 磁気はどこから生まれるか

鉄がなければ電気は…

アメリカ大陸に栄えたマヤやインカは、ついに鉄を知らなかったようです。にもかかわらず、彼らは高い文化を築き上げました。鉄を使わなくても、建築物や、橋や船をつくることはできます。しかし、電気をつくり出して利用することは、まず不可能です。機械的エネルギーを電気に変えることは、鉄の磁気があってはじめて可能なことだからです。

鉄と同じように磁石をつくる能力をもった金属には、コバルトとニッケルがあります。しかし工業的に利用できるニッケルの90％はカナダとニューカレドニアとソ連の産。一方コバルトもアフリカのコンゴ地方が世界産額の50％を占めています。鉄が全世界に広く分布し、豊富に産出することを考えると、これらが鉄に代わることはとうていできません。

磁石につく鉄・つかない鉄

自然界にある天然の磁石（Loadstone 主成分は磁鉄鉱）については3,000年以上前から中国やギリシャで知られていたようですが、磁気的現象について系統的な研究が始まったのは、比較的最近のことです。中でも、磁気と電気を結びつけた発見は1820年にデンマークの物理学者エルステッドによってなされました。彼は教室で講義している最中に、電流が磁針に影響を及ぼすことを見出したということです。この発見によって物理学の、新しい一章「電磁気学」の幕が開かれたのは、いうまでもありません。

さて、本題に入りましょう。磁気は、鉄の原子単独の性質ではなく、原子が

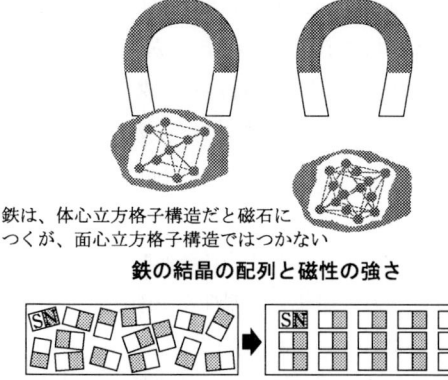

鉄は、体心立方格子構造だと磁石に
つくが、面心立方格子構造ではつかない

鉄の結晶の配列と磁性の強さ

バラバラに並んだ鉄原子が一定の方向
にそろうと鉄は磁力を持つようになる

磁場の方向→

鉄の磁化の原理

結晶を形成したときにはじめて現われる性質です。ただしすべての鉄結晶がそうなのではなく、体心立方晶の α 鉄は強磁性を示しますが、面心立方晶（オーステナイト）は強磁性ではありません。これは、結晶の中における鉄原子の間隔と密接な関係があります。たとえば、ステンレスでもフェライト系のものは磁石につきますが、18-8のようなオーステナイト系のものはつかない、というのはそのためです。また、マンガンは元素自体強磁性ではないのですが、合金になって原子と原子の間隔が適当な値になると、強磁性を示します。

なぜ釘は磁石にならないか

　鉄の原子がその相互作用によって"自発的に"磁化しているとすれば、鉄結晶は常に磁石になっているはずです。ところがどうでしょう。私たちの手もとにある鉄は、釘もパチンコの玉もけっして磁石にはなっていません。この問題に初めて解答を与えたのは、フランスのワイスでした。彼は1907年に、強磁性結晶の鉄は小さな領域に分かれていて、その領域内では一様な方向に磁化されているが、その方向が領域ごとにちがっているため、全体としては磁化されないようにみえるのだ、という考えを発表しました。つまり、鉄片はいろいろ

な方位を持った、きわめて小さい素磁石の集団であると考えたのです。ではどうして、釘やパチンコの玉は磁石につくのでしょうか。磁石を近づけると、釘、パチンコの内部で磁化の方向がそろい（119頁図参照）、従って磁石につく、というのがそのひみつです。

永久磁石　その大きな役割

　磁性材料には、大きくわけて2つのタイプがあります。軟磁性材料といわれるものは、外部の磁場につれて磁化されやすく、消磁もされやすいけい素鋼板や純鉄など。一方硬磁性材料といわれ、磁化はされにくいが大きな保磁力があるため、いったん磁化されると強力な磁石になるものがあります。これが、永久磁石です。私たちの身の回りにも、この永久磁石がいろいろと使われています。

　磁性材料の研究に、日本の研究者たちが大きな役割をはたしていることは、ご承知でしょう。本多（光太郎）先生たちによって開発されたKS鋼や、新KS鋼、また三島（徳七）先生によるMK鋼などは、そのすぐれた成果です。現在、一般に使われている永久磁石にはMK鋼の系統に属するアルニコ系の材料に特殊処理したものや鉄の酸化物とバリウムの酸化物をまぜてつくった、バリウム－フェライト磁石がさかんに利用されています。

4.　鉄のやっかいもの

信仰されたスウェーデン鋼

　昔は高級な鋼というとスウェーデン鋼といわれ、事実、バネや軸受にはスウェーデンの鋼が好んで用いられました。一般的に示されている鋼の化学分析値では、スウェーデン鋼でも国産の鋼でもほとんど変わらないのですが、軸受鋼の場合直径10cm位の輪をつくって上からプレスするテストをしてみると、国産のはスウェーデン製に比べ数分の1の圧力で割れてしまいます。この理由がわかるまでは、高い信頼性を必要とする部分には必ずスウェーデン鋼が信仰

的に使われたものです。

　スウェーデン鋼がいいのは、品位が高く不純物の少ない鉱石からつくった海綿鉄（高品位の鉄鉱石粉を直接還元してつくった海綿状の純鉄粉）や、コークスの代わりに木炭でつくった木炭銑を原料としているからだといわれています。木炭銑は一般の銑鉄に比べて、イオウとかリンの含有量が数分の1から1桁低く、不純物がきわめて少ない銑鉄です。要するに普通の分析手段では知ることの難しい微量の不純物、ガスとか非金属介在物の少なさが"よさ"の正体だったわけで、鋼の処女性（Virginity）とか遺伝性のよさといわれてきたのも、この事実をさしたものでしょう。

　正体がわかってしまえば、スウェーデン鋼に対する盲目的な信仰も消えてしまいました。そればかりでなく、近年わが国の鋼が、材質的にもきわめてすぐれたものになっていることは衆知の事実です。

Dirtyの原因は何か

　鋼の顕微鏡写真の中に見える"ゴミ"のようなもの。これが非金属介在物です。"ゴミのような"といいましたが、実際「スウェーデン鋼に比べてこちらはダーティ（dirty）だ、よごれている」といった表現をします。ではダーティの元兇である非金属介在物とは、何なのでしょうか？　大きく分けてこれには2種類あります。ひとつは製鋼の炉や取鍋の耐火物が侵されて脱落し鋼の中にまぎれこんでくるものです。このようなものを"外来の介在物"と呼びます。もうひとつは、"固有の"とか"本来の"とか、また"内在の介在物"といわれるもので、鋼の中に不純物として溶けている金属や、脱酸剤として添加されたものが、冷えて酸化物、硫化物、窒化物、あるいは炭化物として細かく析出したものです。

　一般の鋼の中にどの位あるかというと、$1cm^3$の中に100万から1,000万個はあるといわれます。これを面積の割合で規定する方式がありますが、JISの方法で調べてみたのが別表のパーセンテージです。介在物の大きさは0.2ミクロン位から下の小さいものが圧倒的に多く、95％以上を占めるといわれます。

　これらの"ゴミ"がいったい何ものかを調べる方法はいろいろありますが、

鋼の中に含まれる非金属介在物
（面積比：JISの規定による）

リムド鋼	0.10〜0.25%	軸受鋼	
セミキルド鋼	0.15〜0.35%	普通	0.05〜0.15%
硫黄快削鋼	0.5〜1.2%	脱ガス処理	0.005〜0.01%
型鋼	0.2〜0.35%	エレクトロスラグ法	
はだ焼鋼	0.1〜0.3%		0.005〜0.008%
ばね鋼	0.1〜0.2%		

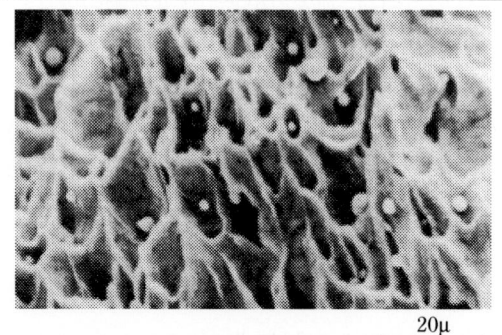

走査電子顕微鏡で見た鋼の衝撃延性破面。間に浮いているように見えるのが、球形の非金属介在物。

顕微鏡でながめたのでは、一般にはっきり決めることはできません。そこで細いキリでほじくり出したり、まわりの鋼を化学薬品や電解で溶かし介在物だけを取り出して化学分析をし、またX線や電子線で調べたりする方法が行なわれています。さらに進んだ方法としては、電子の細い束（径1ミクロン位）で介在物を走査し、試料からでてくるX線を分析するX線マイクロアナライザーが使われます。

まれには役に立つことも

　これらの非金属介在物は、現在の製鋼法では必然的に入ってくるやっかいものです。

　たとえばA系*の介在物は、一般的に引張強さ、降伏点、伸びに対する影響は非常に小さいのですが、絞りとか、疲れ、衝撃値には大きな影響を与えま

す。C系のものは疲れ、強さに対しきわめて有害で、普通炭素鋼より高級な合金鋼の方がその影響を強くうけます。ですから、これをどうしたらいく分でも少なくすることができるか、まだ残っている介在物を害のない形にすることができるかということは、"鉄屋"にとって最重要なテーマといえましょう。

しかし、この非金属介在物もまったく役にたたないかというと、そうではなく、鋼によってはわざわざ介在物を入れて、切削性を増したり、強さを出すのに利用します。これなど、金属の世界の微妙な面白さの1つです。

＊一般に非金属介在物は、圧延した鋼材の中に存在する形状によって、A系（圧延方向にのびているもの）、B系（圧延されても変形せず密集しているもの）、C系（同じく変形せず分散しているもの）に分類されます。

5. クラッド材のいろいろ

金張りもクラッドである

金属をかぶせる、きせる、クラッドする—cladはclotheの過去分詞です。真ちゅうの台がねにうすく金合金をかぶせて、いかにも金ムクのように見せるというのがそもそもの起こりで、厚く丈夫なめっきや合金のめっきが発達したのは近世のことです。

"金張り"は時計の側、バックル、カフス、指輪などいろいろ使われていますが、ムクの製品と区別するために、1/10K18G.F.などと表示します。これは金張り全体の重量に対して18K（純金の含有量75％）が1/10張りつけてあるもの、G.F.というのはGold Filledの略で、金合金の合わせ板をこう呼んでいます。

コイン用に絶好の材料

サンドイッチのように異種材料を張り合わせた合わせ板、クラッド材—少し広い意味での積層材料—のメリットはいろいろあります。

第1は、貴金属や貴重な金属材料の節約です。安価であるだけでなく、芯材

の使い方で補強の意味も果たせます。接点材料などもこの部類に入りますが、最近とくに注目されているのは硬貨としての利用です。これは自動販売機の作動が正確になるとか、偽造されにくい、インフレに強いなどといった副次的特長もあって、欧米では積極的な利用が計画されているそうです。軟鋼に銅、あるいはアルミニウムを張り合わせたものは建築材料として注目されています。

ジェット機の主翼にも

　第2は、2つ以上の目的を、積層することで果たすことができることです。例えば、強度と耐食性、強度と装飾性、強度と深絞りなどの加工性、硬度と電気伝導性、熱伝導性と耐食性などです。

　強度と耐食性でもっとも有名なのが、アルミニウム合金のクラッド材でしょう。最近のジェット機の主翼などが塗装なしでピカピカ光っているのは、ほとんどこれです。芯に亜鉛やマグネシウムの入った超々ジュラルミン系(亜鉛系高力アルミニウム合金)の材料を使い、これにごくうすく(厚さ1.6mm以下では厚さの5％、1.6mm以上のときは2.5％)純アルミニウムや、耐食性のアルミニウム合金が被せてあるのです。超々ジュラルミンは強さこそ軟鋼に匹敵しますが、腐食されやすく、とくに応力腐食割れを起こしやすいのでこのような処置が必要なのです。鉄鋼材料の泣き所も、サビやすいこと。そこでサビないように、錫や亜鉛をめっきしたり、塗装をしたりしているのはご存じの通りです。

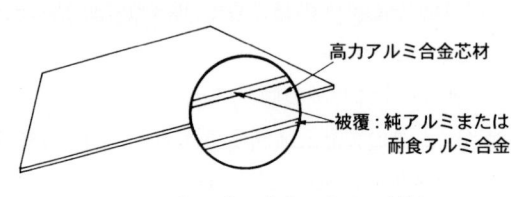

高力アルミ合金芯材
被覆：純アルミまたは耐食アルミ合金

アルミニウム合金のクラッド材

工業用としての利点

　高価な材料を節約するということから一歩進んで、合わせ板には数々の工業上の利点が見出されつつあります。技術の進歩により完全に一体の板として加工したり使用することができますので、異種の金属材料の性質が融合し合って新しい特性が生まれてきました。

ステンレス−クラッド鋼板についてみるとステンレス本来の耐食性以外に、1) 母材の鋼板が大部分を占めているので、曲げ、絞り、切削などの加工が容易です。2) 大きな寸法の板の製作ができるので、構造物を組み立てる場合、溶接などの加工が容易で経済的なうえに、3) ステンレス鋼単体に比べて熱伝導性がいいので、加熱容器や熱交換器などに非常に有利です。アルミニウムなどの熱伝導性のいいものでも加熱のされ方は局部的ですが、合板では内芯部の熱の伝わり方がいいので、一部から加熱しても均一な温度分布が得られるという特長があります。

どのようにしてつくるか

　合わせ板の製作法としては、重ねて高温で圧延し接着する方法、外側の皮の中に芯材を鋳造したものを作り、これを圧延する方法、火薬の爆発力を使って圧着する方法などいろいろあります。

　確実に大きな寸法のものを作るのは圧延接着の方法ですが、芯と皮との表面の処理の仕方、材質の組み合わせ、圧延温度など技術的には高度のものを必要とします。

　ともあれ、時計の側、包丁、鉋の刃、バイメタルといった用途から、合わせ板は大きく飛躍して、全く新しい特長をもった材料として開発されつつあるわけです。大きな寸法のステンレス−クラッド材が作られるようになってまだ10年位のことですが、化学工業用、原子力用、建築用、家庭用などの材料として大いに注目されているのです。

6. 鉄を燃やして鉄を切る

"切る" 方法のいろいろ

　鉄を燃やして鉄を切る。建築現場や、造船所に行くと、大きな鉄板を酸素・アセチレンバーナーを使って切断しているのを見かけます。あれはアセチレンガスの炎で鉄を溶かして切っているように見えますが、そうではありません。

鉄を酸素ガスで燃やして、その熱で鉄を溶かし、溶けた鉄を酸素ガスで吹き飛ばして切っているのです。アセチレンガスの炎はマッチの役をしています。

物を切る。簡単なようですが、研究室でも現場でも仕事の始まりですから、きれいに早く希望どおりに切るということは大切です。

さて、"切る"方法には幾通りかあります。

鋸で切るような機械的エネルギーで切るのがまず普通の方法です。木を切る鋸でも、木目や堅さの違いによって、異なったものが使われますし、鉄や銅、アルミニウムを切る鋸も切る相手によって、刃のつけ方も、材質もいろいろです。

石やガラスや銅のかたいものになりますとダイヤモンドやカーボランダム（炭素とけい素の化合物でダイヤモンドに次いで硬いもの）の粉をかためて円板にしたものや、円周にうめこんだ回転カッターを使います。

酸やアルカリのような特殊な薬品を使って材料を溶かして切る方法もあります。

また、試料とタングステンなどの電極との間に電気アークを飛ばす、放電切断法などもあります。

鉄を燃やすと切れるわけ

鉄の場合、小物だったら鋸で切れますが、曲線に切ったり、厚いものだったり、長い距離を切るとなると、鋸やグラインダー・カッターではうまくいきません。

そこで現場で使われているのが、はじめに書いたガス切断です。では、なぜ鉄を燃やすと切れるのでしょうか？

鉄はマッチで火をつけても勿論燃えませんが、赤熱しておいて酸素を十分供給してやると燃え出します。燃える、つまり酸素と結合して酸化鉄になるのですが、この時非常に大きなエネルギー、1グラム当り1.1〜1.7キロカロリーといった熱をだすのです。一方、鉄を融解させるのに必要な熱は、1グラム当り0.2キロカロリー程度ですから、十分すぎる熱が出る計算になります。こうして出た熱は燃えながら数倍の自分自身を溶かしていきます。溶けたスラグはそ

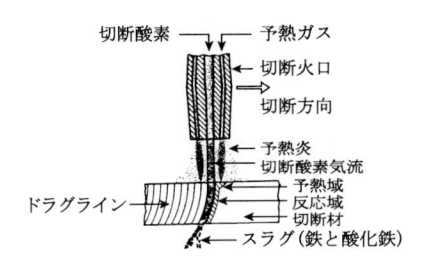

```
          切断酸素 ── ┬ ┬ ── 予熱ガス
                    │ │ ── 切断火口
                    │ │ ── 切断方向
                    │ │ ── 予熱炎
                    │ │ ── 切断酸素気流
                                    予熱域
   ドラグライン ──              反応域
                                    切断材
                       └── スラグ（鉄と酸化鉄）
```

ガス切断の原理

現在使われている金属の各種融断方法
◎酸化反応を利用したもの
ガス切断　ガスの炎で切断部を予熱し、酸素により鉄を燃焼させて切断する。炭素鋼の切断では最も経済的。
パウダー切断　ガス切断の気流の中に鉄粉を供給し燃焼させる。ステンレス、インゴット、コンクリートなどに使われる。
◎電気エネルギーを利用したもの
アーク空気切断　炭素アークで金属を溶かし、圧縮空気を吹きつけて溶融金属を除去して切断する。
プラズマ切断　高温のアークプラズマを使い、金属を溶断する。ステンレスや非鉄金属の切断に最近多く使われる。

のままでは困りますから、ガスで飛ばしてやります。

　つまりガスで鉄を切るということは、鉄を燃焼させる、そして燃焼生成物をスラグとして吹き飛ばすという２つの作用によるのです。

鉄粉を加えて切る

　一般の鉄鋼は幸いなことに燃えてくれます。しかし、ステンレス鋼や高合金鋼やアルミニウムなどは、それ自身では燃えないので特別な工夫が必要になってきます。このような切断に用いられるのがパウダー切断法（iron-powder cutting）です。

　パウダー切断法は酸素気流の中に、150から300メッシュ程度の細かい鉄粉を連続的に供給し、これを燃やしてその燃焼熱で材料を溶かして切るのです。

酸素ガスの中に供給された鉄粉は、燃焼して熱の供給源となるだけでなく、多量の流動性のスラグを切断面に与えますので、切断のときできる難溶性のスラグを取り除く役目もしてくれます。たとえばクロム－ニッケル系のステンレス鋼の場合には、切断中に溶融点のきわめて高い酸化クロムができて切断の進行をさまたげますが、鉄粉が燃えてできたスラグがこれを押し流してくれるのです。

パウダー切断はこのように酸素、燃料のガスの他に鉄粉を必要とするので装置は少し複雑になりますが、金属材料だけでなく耐火レンガやコンクリートのような非金属材料も切断することができます。

鉄が構造材として王座を確保しているわけは、溶接、切断が容易であるということも1つの重要な理由なのです。そして、鉄粉がこんなところにも役立っているのは、面白いことです。

7. 鉄が織り成す美しい色

『モナ・リザ』の色の不思議

ルネッサンス時代の絵画の批評家、バザリはレオナルド・ダ・ビンチの『モナ・リザ』を「強烈鮮明で、とくに唇や頬のデリケートなばら色がすばらしい」と筆を極めて賞讃しているそうです。さらに、今日だれの目にも見えない眉毛についても語っているそうです。

批評家が、ともすればオーバーな表現をするとはいっても、ありもしないものをあるとはいわないでしょう。今日では、セピア色のモノクローム画のように黒ずんでしまったモナ・リザが、そんなに強烈な色をしていたとはうなずけないことです。

この矛盾を解こうとした研究者たちは、ルーブルに通いつめたあげく、色の微妙なバランスのくずれに気付きました。確かに、頬も唇も土気色ですが、手は今なお不思議なあたたかみを持っているというのです。

彼らの得た結論は、頬や唇には有機質系のガランスを使い、手などには無機

質系の顔料を使ったのではないか、そのため、有機質の顔料は色あせてしまったというものでした。

鉄の酸化物や水酸化物を基調とした土質の顔料は、赤、紫、黄褐色、茶、黄などの色調も豊かで、石器時代から地球上のあらゆる地域で広く使われていて、極めて堅牢なものなのです。

陶磁器の価値を決定づける鉄

鉄は陶磁器の釉の主成分として、また地の粘土にも含まれて、火によって昇華され、すばらしい美を展開します。鉄こそ日本の陶磁器の釉の豊かさを特徴づけるものです。

この豊かさは、使われる釉の鉄分が人工のべんがら（酸化第二鉄の微粉）か、天然の鉄分を含んだ土石類－たとえば鬼板粘土、来待石、黄土、赤粉、黒浜、加茂川石などと呼ばれるもの－を使うことによって、また、窯の形式、燃料のたき方の相違、釉のとけ具合など、いろいろの条件が複合した結果あらわれるものです。とくに天然の土石類を使った場合には、これらに含まれる微量のチタン、マンガン、マグネシウムなどが、さらに微妙な変化を与えます。

べんがらは鉄系釉の主成分として重要ですが、上絵具、ことに、伊万里、九

鉄釉の原料の成分例

	鬼板	黒浜	加茂川石	来待石	黄土（京都産）
酸化第二鉄	40.61	82.41	14.46	5.88	8.70
酸化アルミニウム	24.35	2.11	15.23	15.86	16.69
酸化マンガン	6.95	3.42	0.79	0.23	0.07
酸化マグネシウム	3.40	2.08	3.29	1.88	0.71
酸化カルシウム	2.12	0.50	6.53	5.36	0.35
けい酸	10.88	2.39	59.84	61.28	62.53
チタン酸	痕跡	6.14	2.45	0.63	0.96
水	11.68	0.20	2.18	3.94	7.24
アルカリなど	9	0.46	5.13	4.98	2.81
計	99.99	99.82	99.89	100.04	99.96

谷、柿右衛門、仁清などの作品に使われている赤として見逃せません。赤絵具は、べんがらの細かい粉を4～5倍の鉛ガラスに混ぜればできますが、釉の上に薄くぬって800～900℃の温度で焼けば釉に焼付きます。焼付け温度が高すぎると、下地にとけ込んでしまったり、ガラス質化しますが、焼く雰囲気によって色は微妙に変化します。そこがまた、"芸術品"としての陶磁器の価値を決めるものなのでしょう。

酸化鉄と色の秘密

　鉄の酸化物には2価の酸化第一鉄（FeO）と、3価の鉄の酸化第二鉄（Fe_2O_3）と、さらに、2価と3価とが混在した形の四三酸化鉄（Fe_3O_4）の3通りがあります。

　FeOは天然には存在しませんが、Fe_2O_3は赤鉄鉱の、またFe_3O_4は磁鉄鉱の主成分として、ともに鉄の資源鉱物として重要です。

　釉の中の鉄は、還元炎で焼かれた場合には酸化第一鉄となり、釉の色は藍色から緑色までに変わり、酸化炎では、酸化第二鉄となって、黄色から褐色、さらに赤い色を示します。

　ガラス瓶や板ガラスの青い色も2価の鉄によるものです。

　鉄の量が多くなるにつれて色は濃くなり、1～3％位では空色または美しい青、これより鉄分が増すと還元が困難になって、次第に褐色がかり、5％位で飴色に、8％位で赤褐色ないし暗褐色となります。暗褐色の釉は厚みが増すと、黒くも見えます。

　青磁は釉中の微量の鉄が還元され、3価の鉄に2価の鉄がまざって淡青やうすい青緑色を呈していると考えられています。

　青磁のほか、鉄釉の種類はたいへん多く、黄瀬戸、伊羅保釉、飴釉、黒天目釉、たいひさん釉、柿釉、鉄赤釉などいろいろあります。

　鉄がこのように美しい、種々の色のある釉や、化合物をつくる理由のひとつは、鉄イオンが2価と3価をとり得、また、その状態の間の移り変わりも可能だというところにありそうですが、鉄の電子状態を追求できる測定技術の発達にともなって、その秘密はいずれ明らかにされていくことでしょう。

8. フェライト再発見

「フェライト」の2つの意味

　ゆれる船の中でも使える碁石や将棋盤というものがありますが、年輩の方は、そういえば戦争中からあったような気がする、と思われるでしょう。これは、OP磁石といわれるコバルト系フェライトの粉末を圧縮成形して焼きかため磁場の中で処理したもので、1930年頃、加藤与五郎、武井武両氏によって特許がとられ、製品化されました。おそらく、フェライトが実用化された、最初でしょう。

　さて、フェライトという言葉は、鉄の世界では体心立方格子のα鉄（地鉄ともいいます）に、炭素などの元素が固溶した組織名として使われています。磁石につく強磁性の鉄は、フェライトです。これに対して、一般にフェライトといわれているもの、電気や物理の方でそう呼んでいるものは、もちろんα鉄のことではありません。黒やこげ茶色の鉄の酸化物が主体となった材料のことで、亜鉄塩酸ともいい、組成は$M^{II}O\cdot Fe_2O_3$と書きます。M^{II}とは、マンガン、鉄、コバルト、ニッケル、銅、亜鉛、マグネシウム、バリウム、ストロンチウムなど2価の金属です。M^{II}がすべて鉄の場合は、$FeO\cdot Fe_2O_3$つまりFe_3O_4となり、マグネタイト（磁鉄鉱）のことですが、フェライトは、この2価の鉄の位置をコバルトとか亜鉛などの2価の金属で置きかえたものなのです。その、置きかえる金属によってコバルト・フェライトとか亜鉛フェライトとか呼んでいます。

エレクトロニクスを開花させる

　フェライトは、トランジスタほど華やかではありませんが、現在のエレクトロニクス工業を支える大切な柱のひとつです。はじめに書いたように、その基本になる研究は世界に先がけて日本で行なわれたのですが、1940年代に欧米、とくにオランダのフィリップス社ですぐれた開発研究が進められて、今日の隆盛をみるに至りました。わが国のフェライト産業も、輝かしい伝統を背景に、世界のトップレベルにあることは申すまでもありません。

フェライトの生産量の推移

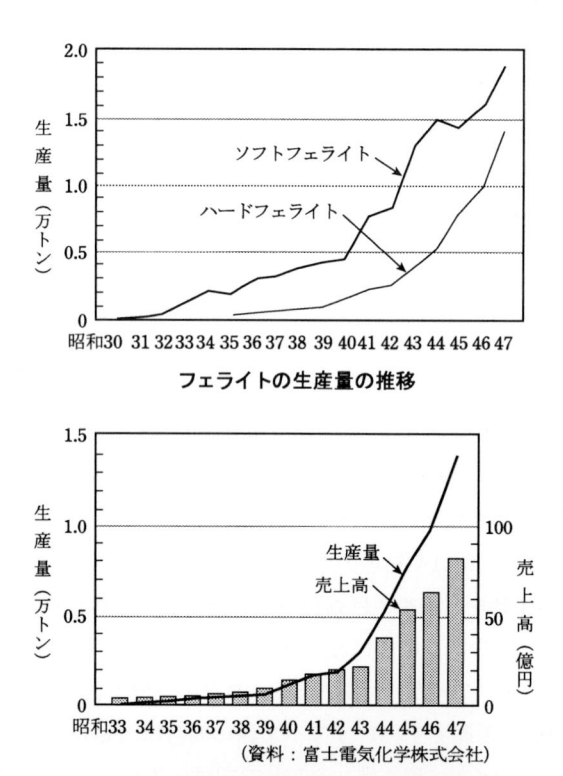

フェライト磁石の生産量および売上高の推移
（資料：富士電気化学株式会社）

　ところで、フェライトにはソフトとハードとの全く性格のちがう2つがあります。ハードはもっぱら永久磁石用として、120頁でご紹介したアルニコ系の磁石材料とともに主流を占めています。私たちの身のまわりにも、スティール黒板用の紙押さえ、マグネットつきクリップ、冷蔵庫のドアに使われているゴム磁石など、いろいろあります。一方、ソフト・フェライトの用途はエレクトロニクスの分野では、数え切れません。トランジスタラジオやテレビを開けてみると、コイルやトランスのコアとしてフェライトがたくさん使われています。テープレコーダーのテープも、主役はフェライトです。電子計算機の記録素子としても、フェライトは過去15年間独占的に使用されてきました。最近は、ICメモリとか磁気薄膜メモリなどが開発され多様化の傾向を示していま

すが、フェライトは高い信頼度と過去の実績からみて、これからも王座を占めてゆくことでしょう。

予想以上の用途がある

　フェライトにはまた、変わった用途があります。食道とか胃腸のX線診断には硫酸バリウムを飲ませて患部の影をつくりますが、これでは医師の希望する所に自由に造影剤を移動させるわけにはいきません。それに対してフェライトの粉末は胃液にほとんど溶けないし、外部から磁石を使って動かすことができるので、硫酸バリウムに代わるものとして今注目されています。

　また、汚染物質を吸着する能力があるので公害の除去にフェライトを使ってみようという試みも行なわれています。タバコのニコチンを除くのにも、活性炭より磁化したバリウム・フェライトの方が吸着能力がある、という実験もあります。

　鉄は金属材料としてだけでなく、このような酸化物としても、近代文明を支える重要な材料なのです。

9. 和釘にみる鉄の歴史

"わたしと釘"

　昭和18年の秋、学生だった私が卒業論文を書くために最初にしたこと、それは測定器具用の机をつくることでした。当時、大学には徴用逃れというわけでは必ずしもありませんでしたが、様々な職業の人が勤めに来ていました。その中の1人、建具職人だったMさんに私は弟子入りして、机づくりを始めたのです。これはたいへん貴重な体験になりました。

　中でも釘の使い方、どうしたら釘をきかすことができるか、板厚と釘の長さ、打込む角度、隠し釘といった知識を、私はMさんから手をとって教えられました。

木の文化の脇役・和釘

　この頃は1寸釘とか5寸釘とかいう言い方はしなくなりましたが、これらの釘は西洋釘です。鋼線を切断して加工するいわゆる洋釘が使われるようになったのは、明治10年頃からで、それまでは飛鳥時代いらい和釘といわれる、断面が矩形や正方形の、先へゆくほど次第に細くなる形式のものが使われていました。

　ヨーロッパの石の文化に対して、わが国は木の文化といわれます。それだけに木を細工する道具、鋸、ちょうな、のみ、鉋などは諸外国に例をみないほど発達しています。これらの道具が木の文化を支えた主役だとすれば釘は脇役です。門などにわざわざ飾りとして使うこともありますが、一般的にはどこに使ったかわからないようにひっそりと、しかし要所要所をしめています。7、8世紀の仏像をX線で透過撮影してみますと、外見に似合わず、身体中に釘が打ちこまれています。極言すれば、仏像でも仁王像でも大きな木彫像はすべて寄木細工で、それをつないでいるのが和釘、ということになります。

光っていた法隆寺の釘

　建築もそうです。世界最古の木造建築といわれる法隆寺も、要所要所は釘がきめているといえます。

　法隆寺をはじめ古い寺社建築の解体修理が戦後いろいろおこなわれ、それに伴い古い釘が集められて材質的な研究がされています。釘は幸いなことに非常にいい保存状態で、使用場所によっては何百年も前のものであるにもかかわらず、光った部分さえ残っていました。製作年代はともかく、使用年代がはっきりした（創建がいつかは問題としても後世の修理にあたってはいつおこなったか明記されています）試料が保存されていたのです。法隆寺の釘についていえば、ほとんどが四角い断面で、太さ3〜20mm、長さ30〜600mm、20くらいの種類があります。細かい形は時代時代によって多少違いますが、大筋は同じで、鍛冶が1本1本こころをこめてきたえ上げたものと思われます。

　釘の横断面を顕微鏡で見ますと、炭素分の少ない軟かい所と、炭素分の多い硬い所とが交互に、層状になっています。これは鍛えては折り返すという作業

法隆寺の釘の分析結果（西村秀雄・青木信美による）

	釘の時代区分 並びに採取場所	Si%	Mn%	P%	S%	Cu%	Ti%	C%
五重塔	当初　天井廻縁	0.0516	0.0921	0.0187	0.011	0.02	0.025	0.3
	中世　たるき	0.0254	0.070	0.0102	0.0085	0.03	0.036	0.23
	近世（慶長）たるき	0.0610	0.056	0.0201	0.0140	tr.	0.015	0.6
	近世（元禄）たるき	0.0094	0.106	0.0279	0.1645	tr.	—	0.2
金堂	当初　裳階板掛	0.0206	0.084	0.0695	0.0063	0.06	—	0.3
	中世　たるき	0.0374	0.037	0.0332	0.0041	0.01	—	0.45
	慶長　たるき	0.1140	0.065	0.0250	0.0085	0.29	0.006	0.1
薬師寺月光菩薩鉄芯		0.063	0.004	0.0180	—	—	—	0.5

を何回かくりかえしたものと思われます。意識的に軟かい鉄と、硬い鉄とをはり合わせたという意見もありますが、どんなものでしょうか。

慶長を境に変質する

顕微鏡や化学分析でしさいに検討してみると、慶長以降の釘とそれ以前とでは、加工状態、材質の面から、明らかな相違が認められます。日本刀の方で慶長を境に、古刀、新刀と区別するのと考え合わせると、わが国の鉄冶金術の上で、この頃何かの改変があったのではないか。加工度でいえば慶長以後のは鉄滓の分布などからみて粗雑で、成分的にも古いものはイオウ、銅などが少なく砂鉄を原料にしたと思われるのに、時代が下るとイオウや銅がふえ、原料は砂鉄以外のものに移っていったのではないか、と考えられるのです。

より沢山の試料を用いて多面的な研究をおこなう必要がありますが、釘に日本の鉄の歴史が秘められている、といえそうです。日本刀をはじめ、古い金属製品についての研究は今から30年も50年も前の仕事ですから、新しい研究手段で見直すと、どこの原料でどういう方法でつくったか、大陸との関係といった手がかりも得られることでしょう。

＊金属の組織的研究については、西村秀雄・青木信美両氏の研究「金属」誌第26巻第1号、「古文化財の科学」第12巻、「水曜会誌」第13巻第1,2号に出ています。

10. 夢をひらく"猫のひげ"

セラミックは鉄より強い？

　超音速航空機などの高速飛翔体に使われる材料は、構造材料として最も厳しい条件を要求されるものの1つでしょう。非常にかたく、軽く、引張りに強く、耐食性も高い材料。そして温度による体積の変化が小さく、摩耗が少なく、融点が高い。これが理想的です。このような場面では、かたさと軽さ、強度と軽さが同時に要求されるので、単位重量あたりの機械的強さを設計屋はいつも念頭に置く必要があります。実験室的なテストでいろいろな材料をこのような立場から眺めてみると、常識では考えられない結果になります。軽く、堅く、強度の大きい材料は、ガラスとかグラファイト（黒鉛）、サファイヤ、カーボランダムといった材料なのです。これに比べると、鋼鉄の最も強いものでも一向に変わりばえのしない材料になってしまいます。普通の鉄は全く問題になりません。

　しかし、これはおかしなことです。ごく特殊な例を除いて、一般にセラミッ

各種金属の強さ（概略の値）

金属名	強さ (kg/mm^2)	金属名	強さ (kg/mm^2)
純銅	0.2	高張力鋼の一例	250
純鉄	4	銅のひげ結晶の一例	300
ブリキ	30	鉄のひげ結晶の一例	1,000
鉄道のレール	75	鉄の理想的強さ	1,600

けい酸ガラス
グラファイト
サファイア
シリコンカーバイド
ナイロン
鋼鉄ピアノ線
アルミニウム

強度　　　　　　　　　　　　かたさ
自重に耐えうる　　　　　単位重量あたりの変形に
最大の長さ　　　　　　　対するかたさの相対値

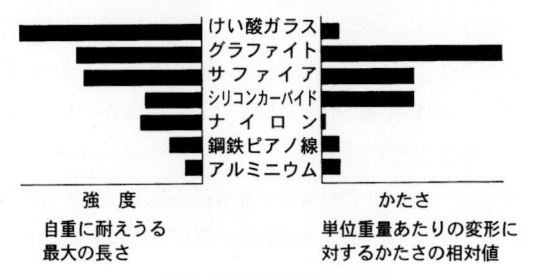

材料の強度と硬さの比較

クスが構造材料として使われているという話は聞きません。それは、このような材料がこれだけの機械的強さを発揮するのは、ある特定の条件がみたされた時だけだからです。その特定の条件とは試料の内部に割れ目（もちろんミクロ的な）がなく、表面もきわめて平らな場合のことです。これに対して鉄などは、このような欠陥が多少あってもへこたれません。

通信回線ショートの犯人

とは言っても、通常の金属材料は材料の持つ理論的な強さに比べると、驚くほど弱く、1,000分の1から数100分の1の強さしかないものなのです。これは実在の材料中にはミクロ的な欠陥があるためです。では、欠陥のない材料をつくることができるものでしょうか。

ウイスカー "猫のひげ" と呼ばれる細く長い単結晶。これは欠陥がほとんどなく、理想的結晶に近いとされています。

ウイスカーの研究が盛んになったのは1950年代のこと。朝鮮戦争たけなわの時、米軍の通信回線に原因不明の故障が起こり、犯人をつかまえてみたらコンデンサーの接合に使ったスズめっきからスズのウイスカーが生えて回路を短絡していた、というエピソードがあります。鉄、銅、アルミニウム、カーボランダム、酸化アルミニウム、塩化ナトリウムなどさまざまな材料についてウイスカーがつくられ、性質が測定され、とくにどうしてこういう結晶ができるのか、今も研究が続いています。もっとも材料的にみると、ウイスカーはいくら強さが大きくても径数ミクロン（髪の毛が数10ミクロンです）、長さが10〜20mm。これでは材料としては使えません。そこで、何か適当

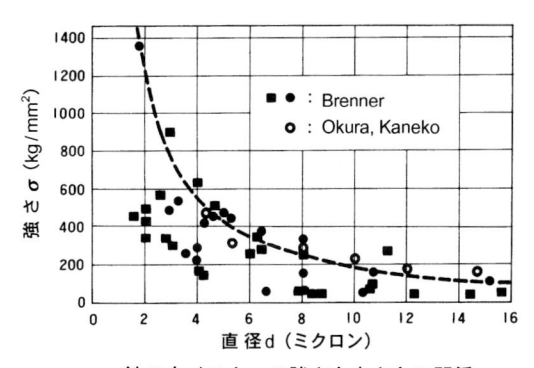

鉄のウイスカーの強さと太さとの関係
（細くなるほど理想的な結晶に近づく）

な"地"の中にこのウイスカーをまぜ合わせて硬い材料をつくることはできないかというわけです。

鉄やプラスチックにまぜる

こういう材料のことを、複合材料というのはご存じでしょう。たとえばガラス繊維をプラスチックでかためたFRP（繊維強化プラスチック Fiber Reinforced Plastics）。スキー、ヘルメット、ボート、釣竿、棒高とびのポールなどに使われていますが、このように鉄のウイスカーをたくさん安くつくって、それを適当な金属やプラスチックの地にうまくまぜ合わせることができれば…。これが、材料屋の夢なのです。複合材料の理論からいえば、決して長いものは要りませんから、要は鉄の単結晶の繊維をいかに経済的につくりまぜ合わせるか、という問題に帰着します。まぜ合わせの方法としては、宇宙空間の無重力状態でやればうまく行くのでは、というわけで、スカイラブ計画の中にも実験が組み込まれています。"猫のひげ"から、強くて軽く、すぐれた性質をいろいろ持った材料ができるのも、遠い先ではないかもしれません。

11. 鉄で染める鉄の色

お歯黒の色も鉄

源氏物語の末摘花の巻に、「紫の姫君が古風な祖母君のしつけで、歯黒めもまだであったので、今度初めて化粧をおさせになったところ、眉もくっきりとされてひときわ美しくすがすがしくなられた……」とあります。

このお歯黒については、『魏志倭人伝』にも「女王国を去ること四千余里、また裸国、黒歯国あり」という記述がありますし、日本では古くからの習慣だったようで、江戸時代まで眉を剃り歯を染めることは女子の元服の徴とされ、また黒い色が変わらないことから既婚の婦人が両夫に仕えぬ貞節のしるしともされてきたようです。

お歯黒の染料をつくるには、鉄片を酒または酢の中に浸し、水を加え、冷暗

所に数カ月おき、褐色の液となったら云々と物の本は記しています。この液は、お歯黒用としてだけでなく、鉄びんを黒く染めるのにも使用されました。液は舌にふれて甘味を感ずるまで放置するのがいいのだそうですが、これを適当にうすめて、下塗りを施した鉄びんを火鉢にかざし200℃くらいに温めながら、藺草(いぐさ)でつくったハケで何回もいい色が出るまでくり返し塗るのです。この場合、純粋な酢酸鉄を使ったのではいい色つやが出ないとされ、やはり食酢の中の不純物が必要だということですが、どんなものでしょうか。

化成法と焼戻し法

鉄を黒く染める方法として、このように薬品を利用するのを、化成法といいます。黒く漆のような光沢を呈するのは、四三酸化鉄、Fe_3O_4マグネタイト(磁鉄鉱)に相当する組成の酸化物だと考えられています。現在の化成法は、黒染め薬品としていろいろなものを使いますが、一例を挙げますと苛性ソーダが35～45％、亜硝酸ソーダが12％、硝酸ソーダが1～2％、塩化カリが5％といった組成のものです。これに鉄粉を加えて鉄製容器の中でとかし、142℃前

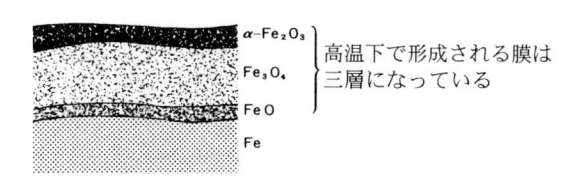

高温下で形成される膜は三層になっている

鉄の酸化皮膜

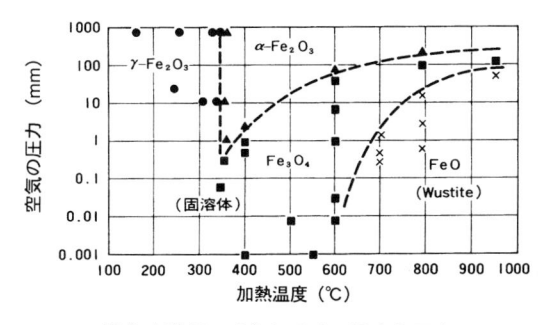

酸化皮膜がつくられる時の温度と圧力

後で液浴させますが、処理温度が微妙でいい結果を得るためには正確に適温を保つ必要がある、とされています。

　この化成法に対して、物理的に鉄に色をつけるのが、焼戻し法です。Temper Coloringといわれるもので、これも古くから実用化されていました。鉄鋼を大気中で熱すると、加熱の温度と時間によって特有な色調が現われますが、これが焼戻し色 Temper Color で、薄黄色から順次黒青色まで変化していきます。

　この着色酸化膜は、処理の仕方がうまければかなりの防錆効果を持っていますし、見た目にも美しいので、時計のゼンマイ、リボンスチール、銃身、工具などに利用されています。軍隊や教練の経験者なら、38式歩兵銃や短剣のさやの黒光りをご記憶でしょう。あれも、焼戻し法による着色酸化膜だったのです。

色は光の干渉色か

　鉄鋼の上の皮膜が、このようにさまざまな色合いを示す原因としては、薄い酸化膜の表面と内面との間で反射された光による干渉色と一応考えられていますが、また酸化物の構造に特有な性質という説もあります。高温でできる酸化膜は、表面が $\alpha\text{-Fe}_2\text{O}_3$、ついで中側が Fe_3O_4、そして地の鉄側が FeO の3層になっており、どのような条件下でそれが形成されるかは、電子回折法で明らかにされています。

　ところで、鉄の酸化膜を最もたくみに応用したものは、耐候性鋼板でしょう。東京・両国の日大講堂（旧国技館）の鉄傘や、静岡の登呂博物館の屋根にはこの耐候性鋼板、川鉄のリバーテンが使われています。耐候性鋼はアメリカで1933年ころから販売され始めたといわれていますが、すぐれた品種がわが国で開発され建築構造物に大いに使われるようになったのは、この10年くらいのことです。ごく微量に添加されている、銅（0.25〜0.55％）やクロム（約0.30〜1.25％）やリンなどの働きによって、暴露後2年たち3年たつうちに強固な安定した酸化膜、つまりサビ層が形成されてくる、というものです。ペンキやめっきによらなくても、裸のままで鋼材が使え、しかもふつうの2〜3倍という寿命を発揮する、というのは、ほんとうにすばらしいことです。

12. 土に生まれ土に還る鉄

生物の中の鉄

　人間の体にとって、鉄はもっとも大切な金属元素の1つです。70kgの成人男子に約4gしか含まれていませんが、そのうち約67％が赤血球のヘモグロビンに、約3％が筋肉のミオグロビンに含まれています。これらはいずれも肺からとりこまれた酸素をからだの各所に運び、また逆に、からだでできた炭酸ガスを肺から吐き出すための運搬、貯蔵の役目をしています。残りの約30％は、肝臓、脾臓、骨髄などの臓器に貯えられ、交通事故とか手術などで、急に大量に出血して赤血球が失われたとき、ただちに補給したりすることに使われます。また大量に鉄がからだの中にとりこまれ、鉄中毒になりそうなときには、安全な形にして貯えます。

　植物では、酸化作用や呼吸作用をする酵素の成分として、葉緑素の生成に重要な役割をもっています。鉄バクテリヤのように、水中の鉄を食物としているものもあります。

　このように生物の中に入って重要な役割を果たした鉄は、生物の死とともに土壌に還元され、あるいは沈澱物として海底に蓄積されていきます。

鉄のふるさとは宇宙

　宇宙でもっとも沢山ある元素は水素で、宇宙の全原子数の約93％、全物質の重さの76％を占めています。次に多いのがヘリウムで、全原子数の約7％、重さで23％に達します。一般に、原子の重さが増すにつれて存在する割合は急激に減りますが、鉄のグループは例外で、その前後のものに比べると1万倍もあり、マグネシウム、けい素、イオウと並んでヘリウムにつぐものです。しかし水素とヘリウム以外は全部集めても、たかだか1％にしかすぎません。

　鉄は、すべての元素の中でもっとも安定している原子構造をもっています。ということは元素生成反応で最終的に生成されるのが鉄のグループだと考えられ、したがってたくさん存在するのだと思われます。星の内部で熱融合反応が進み星が老いていくにつれて、その内部には、最終的産物として鉄のグループ

宇宙における元素の存在量

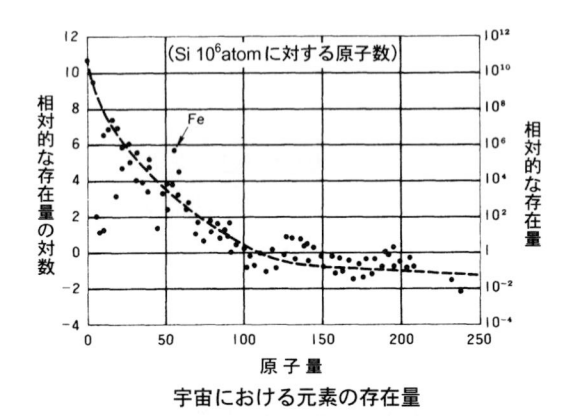

宇宙でのいろいろな元素の相対的な存在の割合を点で示してある。点線は中性子を捕える割合から推定した理論的な存在の割合である。原子量56の近くで存在量が異常に多いのは鉄グループの元素である。

がたまっていきます。星は燃やせるだけの原子のエネルギーを使い果たしてしまうと、つづいて爆発が起こりますが、このとき鉄グループの元素を宇宙空間にまきちらすと思われます。

地球を回る鉄

　地殻と呼ばれる地球の表面には、鉄は平均4～5％の割合で存在していると考えられます。酸素、けい素、アルミニウムについで多い元素です。マントル内では、鉄はやはり第4位ですが、第3位はアルミニウムの代わりにマグネシウムが入ってきます。地球の中心部分では、86％ぐらいが鉄だといわれています。地表の鉄は、大部分が分散して存在し、利用できる程度に集積しているのは全量の100分の1以下にすぎません。しかもそのほとんどがけい素と酸素との化合物－けい酸塩鉱物として存在しているので、現状ではこれから工業的に鉄をとり出すことはできません。

　けい酸塩に含まれる鉄も、鉄鉱石も、われわれがとりだして利用している鉄も、長年の風化作用でごくわずかながら水の中に溶けこんでいきます。そうして川に流れこみ、海や湖に流れこみ、ついには鉄の酸化物として沈澱し、再び

鉄鉱分析表　(%)

産地	鉱物	Fe	SiO$_2$	Al$_2$O$_3$	CaO	MgO	MnO	S	P	Cu
仙人鉄山	赤鉄鉱	52.39	24.23	—	—	—	0.03	0.39	0.008	0.01
米　国	〃	62.91	5.89	1.39	0.70	0.40	痕跡	0.05	0.11	—
釜石鉱山	磁鉄鉱	62.0	5.2	0.9	2.4	0.1	0.17	0.6	0.05	0.7
中　国	〃	65.8	4.07	1.15	0.29	0.66	0.12	痕跡	0.04	0.18
英　国	菱鉄鉱	36.20	1.93	1.23	2.44	1.39	1.97	0.18	0.29	—
石狩沼鉄鉱	褐鉄鉱	48.76	3.35	1.92	0.77	0.48	—	0.36	0.21	—

鉱石に変わっていきます。鉄バクテリヤもその手助けをして褐鉄鉱（沼鉄鉱とも呼ばれる）をつくります。また酸素にとぼしい深い海底では、イオウの助けをかりて黄鉄鉱ができ、黒海などでは、特殊な黒いイオウと化合して、黒い泥のような沈澱物ができます。そしてまたいつか、鉱石として採掘され精錬されてといったくり返しが行なわれます。このバランスがくずれると、鉄は、われわれを見捨てかねません。鉄なくしては文明が成り立ちませんが、生物そのものの存在も否定されてしまうことを肝に銘じておく必要があります。

(川崎製鐵株式会社「鐵」1973年 No.1～12)

自然科学へのさそい－金属学とはなにか

"ジガネやさん"

　大学の1年のときのことです。クラスで一泊旅行をと富士山麓の湖に出かけました。5月はじめといっても山には若葉がやっともえはじめた所でした。宿の方は幹事役が万事手配ずみで、旅館の人の案内で、バス停から〇〇館へと向いました。季節はずれですし、この頃のようなレジャー狂時代ではありませんから、客はわたしたちだけだったようです。入口に立て看板で『〇〇大学冶金科様御一行』とあるのです。

　最近は『冶』の字は当用漢字から抹殺されてしまいましたから、大学の学科名でひらがな書きなのは「や金学科」だけのようです。戦時中のことで、そだてるという意味で『陶冶（とうや）する』という言葉も盛んに使われましたから、『冶』（や）という字はそれほどめずらしい字ではなかったはずです。しかし政治の"じ"でなくて"ニスイ"ですよといってもなかなか一般には通じないのが実情です。

　"や金"では威厳がないからというわけでもないでしょうが、今では大体、金属学とか金属工学と呼ばれています。

"冶金学とは"

　「冶金」とは、いったい何をすることでしょうか、辞書には「金属を含んでいる原料、つまり鉱石から工業的に金属や合金を製造すること」、といった説明がついています。このような技術についての学問が「冶金学」だというわけです。

　金属学ということで現代的にいえば次のようなテーマについての学問といえます。自然状態にある金属資源を有用な金属状態に変える製錬、製錬された金属をさらに目的に合致する性質をもったものに変えるプロセス、それをさらに使用状況に応じて板、線、棒、あるいは鋳物に変形してゆく加工のプロセス、

さらにこれらに付ずいする問題として材料の物理的・化学的あるいは機械的性質、環境とのかかわり合いの究明、また、これらの工程にともなう汚染、公害、廃棄状態からの回収、処理ということも見のがせない重要なテーマです。

身のまわりにある金属

　自然界に存在する元素のうち3分の2近くが金属元素です。地球上でいちばん多いのは、比重のかるい元素ですが、そのなかで、五つの元素、酸素、ケイ素、アルミニウム、鉄、カルシウムが地殻の90％を占めています。さらにこれにつづく七つの元素、ナトリウム、カリウム、マグネシウム、水素、チタン、炭素、塩素を加えるとこれら12の元素で地殻の99％以上を占めていることになります。石も、土も、セメントも無機物質といわれるもののほとんどが金属元素の化合物です。

　さて、身のまわりを見ると、またなんと金属でできたものの多いことでしょう。自動車もタイヤや窓、シートの類を除けば、金属のかたまりです。船、電車、飛行機、橋、それらはほとんどが金属のかたまりといって差し支えないものです。

　一方プラスチックの発展にはめざましいものがあります。わたしたちの着ているもの、それらはほとんど有機合成化学の製品といって差し支えありません。いろいろの容器の類、それらもほとんどプラスチックです。またセメント、ガラス、陶磁器などの窯業製品もわたしたちの文化をきずくうえでなくてはならないものです。

　しかし材料の中心になっているもの、材料と材料とを結びつけているものはすべて金属といってもいいすぎではありません。高層建築が次から次に建てられていますが、その主要な骨組はH形鋼といわれるものです。金属が支えになって、それがまたプラスチックやガラスやセメントを生かしているといえます。

金属材料の歴史は新しい

　金属が材料として人間によって意識して使われ、作られるようになったのは

非常に新しいことです。青銅をはじめとする銅合金を材料として数々のすぐれたものが、すでに4千年も前から作られています。チグリス、ユーフラテスのほとりに紀元前にさかえた古代王朝の出土品や中国の殷周時代の製品は美術的価値もさることながら、今日の目で見ても技術的にも非常にすぐれたものです。

しかし青銅器の文化は王侯貴族、支配者のものです。一般の民衆が農耕や日常生活に使うにはあまりに貴重品だったようです。

人間たちが鉄を鉱石から作り出すことを知ったときはじめて農耕や工作の道具として金属が使われるようになるのです。2000年から3000年位前のことです。それでも人間は自然にある鉄鉱石をスミを用いて還元して得られたスポンジ状の"鉄"を真赤に熱してハンマーでたたいて、打のべ形をととのえて品物を作ったのです。

"鉄"をとかすことが工業的にできるようになるのはごく最近のことです。鉄びんやストーブなどの鋳物に使われている鉄は、実は炭素と鉄の合金、鋳鉄（銑鉄ともいいますが）です。鋳鉄はとける温度も低く1000度すこしで銅位ですし、鋳物を作ることも容易でしたから古くから使われていました。しかしこれはもろく、道具としてはごく限られた用途しかもち得ませんでした。

鉄にごくわずかの—目方で0.2〜0.3％から1％内外の炭素を含んだ鋼が開発され、工業的規模で鋼が作られるようになった19世紀半ば以降こそ、はじめて鉄の時代がおとずれたといえます。

鋼の開発によってあり合せの材料でものを作るのでなく目的に応じた性質の材料を作り出すことが可能になったのです。

ダビンチ、ガリレオの時代から、産業革命へと続く時代の数多くの機械の発明、開発を考えるとき、材料としての鋼が登場してからまだやっと100年とは意外な気もします。

しかし鉄をとかすには1500度以上にも温度を上げる技術、とけた鉄を入れる容れもの、耐火物の開発など数多くの困難があったのです。それにもまして、同じ"鉄"とみえながら、スポンジ鉄から作られる錬鉄（炭素の量が少なく純粋な鉄に近い）、鋳物になる銑鉄と鋼とがどうちがうのか、といった認識

の確立、"鉄"のなかでのいろいろな元素の役割の解明がなくしては工業材料としての鋼は登場しなかったのです。

金属学を支えるもの

や金学が、鉱石から金属をとり出すこと、酸素やイオウとのとりことして存在する金属元素を解放することに主な学問対象があったのは、発展の過程からいって当然でしょう。解き放すためにはどのような形で結合しているのか知らなくてはいけません。またせっかく解き放ったものが、再び外界によって汚染されることがないように、酸素やガスとの反応、接触する耐火物との反応を知らなくてはいけません。これらは学問としては、あるものは鉱物学に、化学にそして窯業工学に、あるいは電気化学といった分野に属することとして従来は扱われています。

解き放されたとしても、純粋な金属の形では、やわらかかったり、腐食されやすかったり（これは非常に高純度になると話は変ってきますが）しますから、使用目的に応じた性質をもった合金を作ることが必要です。とすれば、金属の機械的性質、物理的な性質、あるいは化学的な性質を知らなくてはいけません。

金属や合金はどういう原子の並び方をしているのか、結晶なのかといったミクロの構造、それがまたどう結びついているのか、たたいたり、伸ばしたりすると、こわれないで板になったり線になったりするが、変形するとはどういうことか、ということを明らかにすることも必要です。

さらに工業材料として使われてゆくためには、材料と材料とを"つなぐ"といったことも大切なことです。工業的に生産される材料には大きさ、厚さに一定の制約があります。船や橋、車体などを作り上げてゆくためにはこれらをつなぐ必要があります。また、それぞれ特長をもったものを生かして使うためにもつなぐことも必要です。またガラスと金属といった異種の材料の接合ということも重要です。

このように見てくると、「冶金学」はさまざまな学問分野に関係をもった、とくに物理とか化学、結晶学などの基礎科学に裏うちされ、そのうえにきずか

れる学問だということがわかると思います。

"冶"という字が当用漢字にないから、"ひらがな"書きでは体裁が悪いから"金属学"という名前に変えるのでなく、現在の"冶金学"は"冶"の意味したもの、"冶"から先のことにその大部分の学問対象があるといえます。

多くの大学が"冶金"という技術の名前から"金属"という対象とする物質名を冠する名前に変ったのはそれなりの必然性があるといえます。

物を対象にして考えた場合、同じ金属といっても、金や銅のような代表的な金属といわれるものから、一方ではゲルマニウムやシリコンあるいはセレンといった半金属とかセミメタルといわれ、光沢は金属的でも性質では金属とかけはなれたものもあります。

いくつかの金属をまぜ合せた合金ともなると、まさに千差万別です。金属材料の代表のような顔をしている"鋼"も、鉄と、金属とは似ても似つかない"炭素"、スミとの合金なのです。

むすび

金属学は"金属"というより金属を主とした物を扱う学問といえそうです。

明治のはじめ、お雇い外国人として、東京大学理学部で採鉱冶金学を教えたドイツ人、クルト・ネットーが講義録の冒頭で次のように述べています。

「…充分ニ数学、物理学、化学、金石学、採鉱学、建築学、機械学等ヲ予修セザルベカラズ…」

なお当時は冶金は理学部のなかにあり、工学部の学科になったのは明治19年帝国大学令が施行されてからです。

金属を主体として、ひろく物を扱う技術、物の性質を究明する学問、それが金属学ともいえるでしょう。

(「青年運動」1974年6月号)

(編注) 1980年代終わり頃から、大学の学科名から「冶金」「金属」という名称が次第に消え、現在は金属を含めた「材料学科」「材料工学科」などの名称が多くなっている。

3章　環境汚染を調べる

身のまわりの重金属汚染
水銀汚染と私たちの生活
暮らしのなかの重金属の不安
ガソリン中の鉛による汚染について
六価クロムとＨ氏の執念
黒いフルート
二酸化窒素測定運動の意義と役割

暮らしをおびやかす重金属

　1970年代、当時は「環境」という言葉はまだあまり使われず、「公害」としてさまざまな問題が連日のように新聞を賑わせた。

　著者は専門とする金属、とくに重金属が人の健康に及ぼす影響について、古くから伝えられている話や外国の事例などを紹介した。日常の暮らしのなかで使われているものに目を向け、重金属が含まれていないかどうかを調べた。調査対象は陶磁器製食器、ガラスコップ、塗箸、ホーロー製鍋とフライパン、銅製卵焼き器、ジュース缶、鉛筆、おもちゃなどなどである。これらを都内の有名デパートで買い集め、原子吸光光度計または蛍光X線分析装置で測定分析した。結果は買い求めたデパートやメーカー、業界に報告し、新聞で公表した。反応は素早く大きかった。改良品のテストを依頼されたり、業界が自主規制をしたり、追跡調査をつづけることによって徐々に粗悪品が市場から消えていった。

　鉛、カドミウム、クロム、水銀などの重金属の用途については、その後あるものは禁止または規制が厳しくなったりしているが、環境問題の「検討対象物質」になったまま現在も使われているものも多い。

　最近（2006年3月）の新聞に、輸入した低価格のアクセサリーに高濃度の鉛が含まれていた、つづいて、アメリカの子どもが鉛入りの腕輪を誤飲して中毒症状で死亡したという記事が載った。都環境局は2002年7月に、子どもが利用する施設や遊具に使用する塗料を鉛含有量が少ないものに切り替えることを求めるガイドラインをつくったが、4年経った現在も国の法規はない。身のまわりの危険は去っていないのである。

　2006年7月から、欧州連合（EU）では有害物質規制ローズ指令（RoHS：電子機器に水銀、鉛、クロム、カドミウムなど6物質の使用を禁止）、中国でも中国版ローズ指令の導入をめざしている。EUはさらに厳しいリーチ規制（REACH：既存の化学物質を含め製造業者や輸入業者に対し、化学物質の評価をしEUの専門機関に登録することを義務づける）と呼ばれるルールも検討しており、日本政府の対応が注目されている。

身のまわりの重金属汚染

　農薬散布で追われる北限のサルを求めた記録を"樹海からの報告"としてNHKテレビは3月に放映していた。ついに探しあてたサルが、親子で元気に木の芽をかじり、無心にたわむれているところで画面は終る。ホッとする間もなくナレーターは"しのびよる死の影も知らないで…"と視聴者に告げる。

　知らないのは猿ではなく実はわれわれなのだ。"しのびよる死の影"、幸いにして事前に気がついたものもあるし、気がつかないものも多くある。

　身辺のものの中から、金属に関係ある話をいくつかスクラップから拾ってみよう。

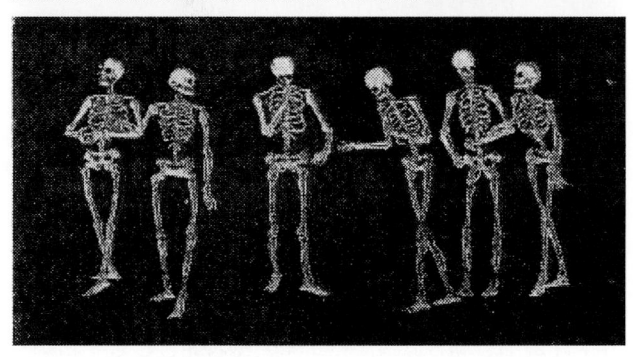

X線よけの下着

19世紀の末、人類は新しい魅力ある光、X線を見出した。ヨーロッパからアメリカへ、そして全世界へとこの驚異の光、"X光線"の話は伝わり、何でもすかしてしまう光にわきかえった。ぬけ目のない商人は"X線よけ下着、これがないと御婦人は不用心"とうたって、怪しげな新製品を広告した。

医者はそのすばらしい効用にさっそく飛びついたし、科学者は、本質をつきとめるべく日夜研究にはげんだのである。

しかし不幸なことに、当時は、まだX線の危険性を十分認識してはいなかった。人類は自らが解放した力の強さを知るのに、いくたのいたましい代償を払ったのである。

1920年代の中頃まではX線や放射線が肉や骨の組織を破壊し、生殖細胞を壊し、時には突然変異の原因となることもほとんど知られていなかった。

人々はそれと知らずに危険に身をさらしたわけになる。トーマス・エジソンの助手、クラーレンス・ダリーは、1905年にたびかさなるX線の実験による過剰照射のために死んでいる。

ラジウムは発見当時、偉大な治療薬として歓迎され、特許医薬品にまでなって、恐ろしい結果をもたらしたといわれる。

"ラジトール"、この放射性の塩類を含んだ特許の飲み薬が160種類もの病気に効く、副作用なしの特効薬として発売され、この薬を飲み続けた金持が、身の毛がよだつような死に方をするまでに至ったという。

衰弱してゆくわが子に少しでも栄養をつけようと、致死量のヒ素が入ったミルクとも知らないでせっせと与え続けた母親の話、昭和30年に起った森永のヒ素ミルク事件の悲惨さは、ラジトールの比ではない。

死の薬ラジトール

ビールの泡（Coの毒？）

昭和41年7月27日、朝日はニューヨーク26日発として「米国とカナダで

ビール飲みに特有の奇病が発生している…この病気の特徴的な症状は息が短く、脈はくが早くなり、皮膚の色が青みがかるといった酸素欠乏によくみられる症状で、カナダのケベックで47人が同じ症状を訴え、うち20人が死亡、米国のオマハで40人、ミネアポリスで3人が同じ症状になりオマハでは16人、ミネアポリスで1人が死亡したことがわかり大騒ぎになっている。この人たちに共通しているのは毎日かなりの量のビールを飲むこと（1日3～7リットル、5年間位続けてのんでいる）40代の初めが多いということである」

原因として考えられるのは、米国では1963年8月からカナダでは1965年5月からビールの泡立ちをよくするためコバルトをビールの中に入れている。これがなんらかの関係があると見られ、このため、6月14日以来、米国では、自発的に使用を中止したという。しかしコバルトが原因かは医学的にも確認されてはいない。むしろヒ素中毒に似ているという説もある。

なお日本のビールにはコバルトは入れてないという国税庁醸造試験所長の説明である。これからビールのうまい季節、泡もにせ物、それもことによると毒薬とはおそろしい話である。

マンガンよお前もか

昭和46年4月19日の読売は新しい公害病かと題して、兵庫県加西市に集団発生している奇病について、井戸水から基準量の10倍の30ppmのマンガンが発見されたこと、上流地域にはマンガンの廃坑があることなどからマンガンと関係があるのではないかと報じている。

この奇病は甲状センが肥大し、ノドがはれ、住民の4割近くがこの病気にかかっているといわれている。現在は、何が原因なのかもっか究明中という所であるが、なんらかの農薬汚染か、重金属の複合したものかといった疑いも持たれている。

なおマンガン中毒の歴史は古く、19世紀の初期には二酸化マンガンの取扱い者について中毒例が報告されているという。わが国では、大正年代から報告があり、前記と似た話としては、昭和15年に神奈川県下で自転車の電灯用の古バッテリー300個を井戸の傍に埋めた所、溶出したマンガンが井戸水に入り

5家族16名が中毒、2名が死亡という例がある。症状としては強迫症とか、突進症、小字症（字を書かせるとだんだん小さな字になる）など神経的なものが多いそうである。

ヒ素はどこにでも

　昔からヒ素は猛毒なものの代名詞のように恐れられてきた。サロメの話、フローベルの「ボバリー夫人」のなかでも女主人公エンマはヒ素を飲んで自殺する。石見銀山ネズミとりはヒ素剤で、これを使った明治初年の夜嵐お絹の殺人事件もある。しかしそんなものが身近にいろいろ使われているなどとは一般にはほとんど知られていない。

　漆塗りの箸には橙赤色の顔料としてヒ素の硫化物が大量に使われている。
　インクを飲む人はいないだろうが、ブルーブラックのインクのあるものには、一種の酸化防止剤としてヒ素の化合物が添加されており、その量は数100ppmにも達する。

　甘ナツとかネオ夏ミカンといわれるものは、幼果のときヒ酸鉛をかけてやると、酸味がとれて出来るといわれ、ひところ盛んにヒ酸鉛をかけたと伝えられている。当県産のものにかぎっては、ヒ酸鉛でなくホルモン剤で処理しているという言い分もあるが、すべてがすべてそうであるとは保証がない。アメリカのグレープ・フルーツにも使っているとの説もある。さて、これらのヒ素や鉛はどこにゆくか、ミカンの中身までは入らないとはいわれているが、ママレードなどどんなものであろうか。

　スッパイ夏みかんなどカネや太鼓で探してもないこの頃である。
　残量農薬の許容量としては、

	ヒ素	鉛
夏みかん実	1.0ppm	1.0ppm
〃　皮	3.5	5.0
日本なし	〃	〃
りんご	〃	〃

以下となっている。

身のまわりの重金属汚染

ヒ素ミルク、あまりにもいたましい話である。子供を失った母親が「まさか、これに毒があるとは知らなかったので、だんだん弱ってゆく子どもに、なんとか栄養だけはつけようと、最後の日までミルクを与えつづけて……」と悲嘆にくれた。

ヒ素はリンと同族で性質がよく似ているために、無機のリン酸に混入することが多いといわれる。森永の徳島工場で粉ミルクの安定剤に使った第二リン酸ソーダに亜ヒ酸として4～9％にも及ぶヒ素が入っていたのである。一缶のミルクに含まれる量は充分致死量だったといわれる。

このミルクで昭和30年夏西日本各地の乳幼児多数が中毒にかかり、130人が死亡、1万数千人が中毒症状を呈した。15年もたった今なお悲惨な後遺症に多くの人が苦しんでいる事実、小児科医達がこの現状を無視し続けてきたという事実、そして事件発生以来15年にしてはじめて森永が原因はミルクにあったと法廷で認めた事実（昭和45年6月16日朝日）。

この事件は現在法廷で争われているが、一審では、「森永側にとっては不測の事態で、過失はない」と無罪判決が言渡され、二審でやり直しが命じられ、最高裁でもこれを支持し、地裁へ差戻されて審理されている（編注：1975年合意成立、森永は30億円の救済資金を拠出した）。

なお、第二リン酸ソーダは改良剤として、多くの食品に使われているという。

ヒ素を使った農薬工場では肺ガンが発生していることを45年6月9日の朝日は報じ、また、8月26日の各紙は、フジツボよけの船底塗料にヒ素入り顔料が使われ、これがために塗装工たちに被害が出ているのではないかと、その規制の必要を報じている。

わかっているけどやめられない―スズ中毒

スズの過剰にとけたジュースによる中毒は、急性で比較的軽い（飲んだものを吐き出す）が、毎年のように報じられ跡をたたない。主なものを拾うと、40年8月には、森永とファミリアのオレンジジュースで鳥取で集団中毒、42年10月29日の朝日は、鎌倉で起こったカゴメのトマトジュースによる中毒を報

じている。

　さらに昨年の10月にはリボン印のオレンジジュースによる中毒、そして12月4日には遂に都が17万本にも及ぶ不良ジュースの回収を命じている。

　メーカーは、スズが入った方がおいしく、2年目位が飲み頃ですという。しかし2年目は、時日の経過とともにふえる溶出スズが規定の150ppmを超えるに充分な時間である。

　カゴメは43年の製品からラッカー缶を採用し、バヤリース、コーラ、サンキストといったものは早くからいずれもラッカー缶を使っている。

　国内のメーカーでもオレンジやトマトはスズメッキのままでも、スズをより強く溶かすグレープはラッカー缶を使っている。

　製造後2年以上たったものは飲まないこと。そしてメーカーとしてはラッカー缶を使うか、水質の管理（硝酸イオン濃度が大きいとスズ溶出量が増す）をすれば、こんな中毒は簡単に防げるはずである。そして、中毒騒ぎでメーカーの受ける被害を考えれば、こんな処置に要する費用など、ものの数でもないはずである[編注]。

ぬれぎぬか？　銅の中毒

　銅の塩類による中毒ではないか？　というものが、いくつか、最近新聞紙上をにぎわした。しかし、正直いって、はたして銅塩によるのかあまり確かな証拠はないようである。

　銅の塩類は、多くのものが色あざやかな青緑色であるために、"有毒"として怖れられている。しかし、なかには塩基性炭酸銅（いわゆる緑青）のように無毒ではないかといわれているものもある。素人にはどれがどれかはわかりはしない。まして、この頃のように大気が汚染してくれば、塩化物とか、硫化物

[編注]：1959年告示の食品衛生法により、飲料缶などの器具、容器包装などの原材料は規格化された。現在金属缶の材質はアルミとスチール（缶に表示）で、内面は主にエポキシ樹脂による透明塗料が施され、胴体部分の接合は溶接で、ハンダはほとんど使われていない。したがって有害物質が溶出する危険性はなくなったといわれるが、輸入品の缶は原産国の規格によるものなので、日本の規格外のものも見受けられる。

なども加わって複雑な化合物もできてくる。

　身のまわりで使われるものだけに、どういう条件下で何ができるか、何が有害で、何が無害なのか、また水道水とか飲料の中に許容される銅イオン濃度は何ppmなのか（現在では1ppm以下となっている）といったことについて学問的追究がほしい。

水銀とカドミウム

　水俣病、イタイイタイ病と素人考えでは、有機水銀とカドミウムがそれぞれ主原因だろうと思われるのに、いまだに有力な反対意見が発表されたりする。重金属汚染の問題が単に科学的に因果関係を究明するだけでなく、政治的な背景をもった"科学的"な姿勢で議論されていること、にあらためて驚かされるのである。

　カドミウム無害説を実証するために、人体実験を自らやるといった神戸大学の某先生の話もある。ある条件下で口から入ったカドミウムがどれだけ体内に残るかという意味では貴重な実験かも知れないが、これは何も"無害"を実証することにはならない。

　蚕について東京農工大の研究者たちが実験された報告を引用しておこう。

　「私たちは、群馬県安中市の東邦亜鉛付近の桑畑でとれた桑葉を蚕に与えると死んでしまうという知らせをうけ、さっそくつぎのような実験をしてみました。

　岡山大・小林教授の桑葉分析によりますと、東邦亜鉛付近の桑葉中にはカドミウムが10〜15ppm、亜鉛が1,000〜2,500ppm、鉛が100〜200ppm位であると報告しています。

　そこでまず、カドミウムと鉛の二金属について実験をしてみました。なお、この実験には重金属の濃度を正確にするために、人工飼料（水に蚕の栄養分と重金属をとかしたのち寒天でヨウカンのように固めたもの）で蚕を飼育したものです。

　実験結果によりますと、飼料中にカドミウムが10ppm入っているものを食べた蚕は10％位死ぬだけでした。鉛については1,000ppm入っている飼料を食べた蚕でも死ぬものはありませんでした。ただ繭をつくったり、蛹になったりする率は20〜30％減少することはみられました。

　この結果からみますと、東邦亜鉛付近の桑を食べさせると、みんな死んでしまうということが説明できません。死因は重金属以外にあるものではないかと疑わ

ねばならないことになります。そこで私たちは、つぎに現地の桑に近い状態で重金属を混ぜてやったらどうなるだろうかと考えてみました。すなわちカドミウム10ppm、鉛100ppmを混入してやりますと、繭をつくった蚕は20％でした。カドミウム10ppmと鉛1,000ppmの混入では繭をつくった蚕は1頭もいませんでした」

さらに実験を続け、現場と状況と合わせるために亜鉛を加えてみると、毒性はいっそう強くなることを発見している。(カドミウム汚染―東京農工大、カドミウム研究班―昭和46年2月6日刊から)

重金属汚染が生物に与える影響については、けっして単純なものでなく、さまざまな要因の複合したものであることを実証した好例といえよう。

水銀についていえば、赤チンキのマーキュロクロームを始め、薬品にいろいろな形で使われているが、使用が全面的に中止される状勢である。実験室では昔は、水銀拡散ポンプに、高周波炉のスパークギャップにと大量に水銀が使われ、その管理もすこぶるズサンだったようだ。被害を受けた研究補助者の数はけっして少なくなかったのではないか。

カドミウムについていえば、身のまわりにみられるものでは、顔料として使われているものである。現代的なのか、カッコいいのか、赤や黄など原色の食器が好まれている。これらはほとんどすべてカドミウム顔料$CdS-CdSe$の二元系でSeが多くなると赤みが増す)を使用したものである。われわれがホーロー製品について、酢酸4％液を使ってテストしたかぎりでは、粗悪品（値段はけっして安くはない）では20〜30ppmもカドミウムが溶出するものが見られた。念を入れてホーロー加工をしたと思われるものでは1〜2ppmの溶出はある。なおこのようなテストは繰り返すと、溶出量は減少し、2、3回で第1回目の1/3〜1/5になる。

安中市の蚕についての実験結果を考えるとき、多少わずかな量でも摂取される可能性のあるものはさけるべきである。

全世界的問題の金属"鉛"

全世界的な意味で問題になっているのは鉛であろう。自動車や航空機の発達にともない、おびただしい量の鉛の酸化物が空中にまきちらされていることに

なる。しかし、これらの鉛の化合物がどのようにして体内にとり入れられ、排出され一方で蓄積されてゆくか、人体に対する影響はというと必ずしも明らかではない。

アメリカなどで最も問題になっているのは、塗料の中の鉛であり、陶磁器に使われた鉛釉であり（Scientific American 1971年2月号 Lead Poisoning, by J. Julian Chisolm, Jr.による）そして、どのような生理的効果があるかは明確ではないが、年々増加してゆく自動車排気ガスによる鉛化合物の蓄積である。

鉛中毒が記載されたのは、遠くギリシャの昔といわれる。わが国ではいわゆる青銅鋳物に合金元素として、鉛は5％位から多いものでは数10％も使われている。また、鉛釉が中国で発明されたのは、紀元前4〜500年だろうといわれている。そして釉用の鉛の酸化物は唐の土といわれて、奈良朝時代に渡ってきたと考えられている。したがってもしわが国で鉛中毒が問題になったとしたら、鋳造工や陶工たちの間で、奈良時代以降のことであろう。鋳造にしたがった人達は鉛の酸化物のヒュームよりは鍍金に使われた水銀アマルガムで致命的におかされたことであろう。

昔がどうであったか、残念ながら明らかではない。労働者たちが奇妙な病気で死んだとしても、神仏のたたり位で片づけられてしまったことであろう。また症状としてもいろいろな合併症を伴うので、たとえ記録があっても、簡単に鉛中毒ときめつけることは難しい。

鉛白を使った"おしろい"で歌舞伎役者が悲惨な死に方をし、母親の鉛中毒からうつった「乳児脳炎」が世の親を恐怖させたのも、大正の半ばまでの話である。画家が"白"に対する不注意から死にかけたといった話も、この頃の油絵の技法の本からは消えてしまっている。この白（Silver White（英），Blanc d'argent（仏）主成分は塩基性炭酸鉛、通称鉛白）について、岡鹿之助氏（洋画家 1898-1978）は"油絵のマティエール"の中で次のように書いている。

「大概の西洋の絵具の書物には、この白のついた指でタバコを喫うことの危険や、傷口のある指で絵具に触れる不注意をとがめているが、パリで私の知っていたメナアルという室内装飾家が60余才でこのシルバー・ホワイトの中毒で悲惨な死に方をしたので愕然としたことがあった。日本でも、昔、田之助をはじめ多くの女

形の死が、おしろいの中毒によることは知られている。

　おしろいに鉛白を使うことが禁じられて以来、今日では鉛白の祟りから役者たちはのがれることができたとはいうものの、我等えかきは充分に注意を払わなければなるまい」

彼等画家たちも、酸化チタンを主体にした"チタン白"が開発されてから、この祟りからいく分か、のがれられるようになったといえる。しかし、チタン白の登場は戦後のことだし、やはり色の白さ、きめの細かさ、筆ざわりのなめらかさでは鉛の白には及ばない。

　この鉛の白はほのかに甘いといわれる。私の友人も小学四年の時奇病で突然死んだ。彼は、おいしい、おいしいといって水彩の白絵の具（水彩ではChinese Whiteという）を食べた。きたないからやめろといっても、いや甘い、甘いといってきかなかった。

　アメリカのスラム街の子供たちが、白ペンキ（もちろん鉛白）のはげ落ちたのを口に入れて中毒にかかるのも、この甘さのせいであろう。

　昨年の6月はじめの各紙はアメリカでの鉛入り塗料禁止問題について次のように報じている。

鉛入りペンキ規制へ〔アメリカ〕

　〔ワシントン山本特派員8日発〕最近アメリカの貧民街の幼児を襲っていた鉛入りペンキの害毒は、ついに米議会を動かすことになり、8日「1％以上の鉛色素や鉛添加剤を使ったペンキの使用禁止」を求める法案が米上院に提出された。

　アメリカの大都市の貧民街を舞台にした鉛入りペンキ中毒は、昨年後半からニューヨーク、フィラデルフィア、シカゴなどで表面化し始めた。部屋の壁に塗ったペンキに触れた手をしゃぶった幼児、はげかけたペンキのかたまりをお菓子と勘違いして口に入れた子供などが、その犠牲者。子供の体内にたまっていく鉛は次第に知能低下、精神障害、脳性小児マヒ、視力障害などを起こし、死を招くケースも少なくないと報告されている。フィラデルフィアでは昨年中には、はっきり鉛入りペンキ中毒と確認されただけで122人、ニューヨークでは727人の子供が発病し、シカゴでは467人がその疑いで治療をうけている。発病した子供の8、9割は1〜3歳の幼児で、死亡した子供の半分は2歳児だったと統計は指摘している。

　部屋の中にまでペンキを塗った家に住む階層は、アメリカの大都会に流れ込み、日の当たらない生活を続けている黒人、プエルトリコ人などだが、こうして鉛中

毒の子供を出した家庭では、今度は、目の飛び出るほど高いアメリカの医療費という"二重苦"に苦しめられるわけだ。

戦後、駐留軍達は、日本家屋の中までペンキをベタベタ塗りまくった。幸いにして、こんな風習はわれわれの間では、日常的なものとなっていない。皮肉ないい方をすれば、戦後のわれわれにはペンキを塗るゆとりもなかった。

鉛入り塗料が問題になるとすれば、オモチャや、子供用の椅子、ベッドなどであるが、昨年来われわれが調査したかぎりでは、鉛入りはない。ただ、子供が口に入れるものでは、黄色や緑の鉛筆（いずれも$PbCrO_4$、クローム・イエローを主体にした塗料がぬってある）である。それも、量がわずかだし、鉛白のように甘くはないからあまりなめたりカジッたりしないかもしれない。

陶磁器の鉛

陶磁器についてもアメリカからは昨年から今年にかけてショッキングなニュースを報道してきている。

昨年夏のリーダーズ・ダイジェストに紹介された、医師一家の鉛入りジュースによる中毒事件、今年の3月に報道された陶製食器による幼児の中毒死などはショッキングな話であった。リーダイの記事に関連してわれわれは、わが国で市販されている陶磁器製食器の鉛釉についての調査をしたが、そのことは後述するとして、3月4日の記事を紹介しておこう。

陶食器で中毒死〔アメリカ〕

常用の幼児、溶けた鉛で

〔ワシントン湊特派員3日発〕"FDA（米食品医薬品局）が3日明らかにしたところによると、このほどフィラデルフィアで陶製の食器を使用していた1年6か月の幼児が、色付けに使う鉛がとけ出し鉛中毒で死亡する事件が起こった。この食器を製造したカリフォルニア州マンハッタンビーチのメトロクス陶器会社は、計44万個にのぼる製品の自主回収に乗り出した。

FDAによると、この幼児の母親は、この陶器会社の水差しを買い、これにグレープ・ジュースを入れて、毎日170グラムないし226グラムを2か月間続けて幼児に飲ませた。幼児の死亡後、この水差しを調べた結果、許容量（7ppm）の8倍近い鉛が検出。

回収の陶製食器は「カリフォルニア製ポピイ・トレイル・メトロクス」の商標がうってある。

これまでメキシコ製、イタリア製の陶器が許容量以上の鉛を含んでいたため回収されたことがあるが、米国製の陶器の回収は同国内ではこれが初めて。

昨年の5月27日の朝日新聞の声欄に次のような投書が載った。

"陶器の上薬で鉛中毒？"（新潟県　津田順吉）

リーダーズダイジェストの6月号に「しのびよる死の影」と題してロサンゼルスの鉛中毒の若い医師一家のことが報じてあった。それはメキシコで作られた茶色の陶器の水差しが原因で、この水差しにオレンジジュースを入れて飲んでいたため、オレンジジュースのなかの酸が陶磁器の上薬の中の鉛を溶けこませたのである。

このことから米国陶業協会は上薬検査計画に着手、メキシコ政府にも、それを研究した医学者が警告したと説明してあった。

日本ではどうなのかと、その道の人にききたい。

投書は専門家に答えを求めている。わが国でも、民芸調やサイケ調のものがたくさん出回っているが、問題がないのだろうか。メキシコ以外の外国民芸陶器も数多く輸入されているが危険なものはないのだろうか。

こういうひどい中毒例が日本に知られているかどうかは別としても、陶磁器についての専門家の見解が新聞に載るかと思ったが、その後、朝日新聞社やリーダーズダイジェストにきいてみても1カ月たち2カ月たっても応答はないということだった。

文献を調べてみても、抽象的な中毒の話はあっても具体的にはない。それではというのでわれわれが調査を試みた次第である。

鉛釉はどこに使われているか

鉛の化合物を主成分とする釉を使った陶磁器には大きく分類して3通りある。

① 上絵付けとして使われているもの：

上絵とは、本焼きした釉の上に顔料で絵をかき、低い温度（700℃程度）で焼付けたもの。

② 全体に釉として使われているもの：

PbO-SiO_2の二元系は広い組成範囲にわたって750℃位の比較的低い温度でとける化合物を作る。したがって低い温度で焼く焼物には鉛の釉が使われている

ものが多い。さらに鉛の化合物がとけてガラス状になった状態では、屈折率が高いためギラギラした感じがでるので、モダーンな食器にも使われる。

　派手な黄色、オレンジ、赤などの色は鉛の化合物やカドミウムの化合物が釉として使われているが、高温では色が変るので比較的低い温度で焼かれている陶工柿右衛門の赤や、九谷、赤絵の赤は酸化第二鉄を基調にしたものである。

　③日本古来の焼物である楽焼きの釉として使われているもの：

　楽焼きは比較的低い温度で焼かれ、また急熱、急冷するので鉛が主成分になった釉を使う必要がある。

　①に該当するものには、

　中華料理ドンブリ、スープわん、レンゲなど。和食器では染付けした上に上絵具で画いたりプリントして彩色したもの（有田焼とか美濃焼といわれているもの）、九谷焼のように上絵付が主になっているもの。洋食器では、乳幼児用食器などに童話の主人公たちがあでやかな色でプリントされているが、これらの顔料にはすべて鉛化合物が含まれている。

　②に該当するものには、

　モダーンな最近流行のサイケ調のマグカップ、コーヒーカップ、ボーン・チャイナなど、また、舶来の民芸風の焼物にも多く使われている。

　日本の民芸品では、われわれが調べた限りでは黄色い飴色の布志名焼（島根県松江在の湯町窯）だけで、益子、出西、志野、立杭、萩、久慈などは使っていない。

　③楽焼としては、

　京都の赤楽、黒楽、そして、楽山焼といわれるものが含鉛釉である。一方、土産物屋などでやっている楽焼きは鉛の釉の化粧がけをしている。多くは絵皿などであるが、店によってはトックリ、湯呑なども作っている。

　われわれはこれらのものを都内のデパート、スーパーマーケット、陶器店などから購入して、鉛の溶出テストをおこなっている。

安物ほど安全

　意外なことに、釉がとける、有害食器だと騒がれてきた中華食器はすべて合格であった。合格とはアメリカのFDA（米食品医薬品局）の規定する4％酢酸

での（三ばい酢位のスッパサである）Pb溶出試験で溶出量が7ppm以下という意味である。

楽焼系統は一般食器としては落第で数10ppmから、土産物品など100ppm以上で、こんなものにジュースでも入れて飲んだら、アメリカの二の舞を演じかねない。茶道具としてなら問題ないといえるかどうか、茶センで釉をわずかではあるが、こすり落して飲んでいるのであるから。

洋食器で問題なのは乳幼児向けのプリント物で、ひどいのは、一度酢酸テストをすると柄がほとんどはげ落ちてしまうものもあった。しかし、これらの洋食器は昨年秋以降回収されて、最近はまったく市場にみかけなくなった。

釉溶出テストに使われた食器類

和食器では、有田焼と称するもの（実際には佐賀県の有田ではなく、隣接した長崎県の波佐見地方で焼かれているもの）で上絵の彩色にグリーンの系統の顔料を使ったものが最もひどく、一度のテストではげ落ちて白くなってしまう有様で、溶出量も数10ppm以上である。これらのものは、中級食器として大量に出回っており、頒布会などでも盛んに売られている。種類も茶碗、湯呑み、小皿、小丼、つけ皿とさまざまである。

まあ、鉛の総量としては少ないということで、それほどの危害はないかもしれないが、湯呑みの唇のあたる所にゴテゴテ使ってあるものなど、考えただけでもゾッとする。

さて、もっとも危険なものは、サイケ調のカップとか水差しであろう。これらは一見した所では鉛の釉かどうかはわからない。しかも、全面にかけてあ

る。その上、われわれが約20個買い集めた結果では、とけるものは数10ppmにも及ぶが、またほとんどとけないものもある。

　こういうのが一番危いのである。素人では鉛釉かどうかはまったくわからない。数点の検査ではOKとなる可能性がある。こんな水差しにジュースでも入れて愛用したら……。

　昨年の夏から現在まで、折をみては買い集め、テストした食器は300点になろうとしている。ちょっとした瀬戸物屋が開ける量である。おかげでこの頃では、見ただけで不合格かどうかの判定ができる。しかし、前述したように、比較的良心的なというか、新聞紙上に名前が出て、被害を受けたメーカーを除いては、これら有害と思われる食器は大きな顔をして相もかわらず大デパートに並んでいる。

　さらに、中元・歳末の贈り物シーズンともなると、イタリー、メキシコ、ハンガリー、ルーマニアと鉛釉をかけた陶器の水差し、カップ、ジョッキと様々なものが店頭を飾る。庶民には手の届かない値段ではあるが。

（「金属」1971年6月10日臨時増刊号）

編注：日陶連自主規制（1970年当時）

品　　　目	安　全　基　準	
	鉛	カドミウム
皿　類（液体を入れないもの）	20ppm未満	0.5ppm未満
深皿・丼類（液体を入れるもの）	7ppm未満	0.5ppm未満
保存容器（容量1立をこえるもの）	2ppm未満	0.5ppm未満

（検査方法）
　絵付工場において焼成ガマごとに検体を抜き取り、検体に溢れ出ない程度まで4％酢酸溶液をみたし、室温にて24時間放置したのちその浸液中の鉛及びカドミウムを定量する。

　＊関係法規は食品衛生法—1947年制定、1999年、2002年、2003年改正、第3章器具及び容器包装第15〜18条。安全基準はより厳しくなっている。

水銀汚染と私たちの生活

口の中の水銀

　「水銀が毒だ毒だと騒ぐけれど、それは情報公害である」「わたしはいまから50年位前に虫歯にアマルガムをつめたけれど、いまだに何ともない。ピンピンしていろ。水俣病だって、いま公害問題で活躍している先生が、アミン説とかをとなえていたではないですか」

　水銀の合金のことを一般にアマルガムと呼びます。歯に使うものは銀やスズが加えてあって、その量によって多少ちがいますが、100度ぐらいで柔かく、よく成型できるので、むし歯のつめものとして昔から使われています（編注：減ってはいるが現在も使われている。保険適用）。また、液状の水銀を1ポンド以上飲みこんでしまったけれど、何もこれといった障害は起らなかったという話も事実です。

　水銀とイオウの化合物の硫化水銀は一般には"朱"と呼ばれていますが、昔から漆塗の顔料として使われています。椀でも、箸でもだいだい色にぬられた高級品はすべてこの硫化水銀を漆でぬりかためたものです。赤チンの愛称で呼ばれるマーキュロクロムは有機水銀化合物です。長年消毒薬として使われていますが、中毒を起したという話をきかないのも事実でしょう（編注：水銀使用工場の規制が住民の不安感を増し、赤チンは昭和48年頃から国内での原料製造が中止されて輸入することになり、値段も上がり使用量は減少していった）。

　しかし、多くの犠牲者を出している水俣や新潟県阿賀野川流域の中毒事件が、有機水銀中毒であることは現在ではまったく明らかな事実なのです。

　われわれを取りまく環境の水銀汚染が無視できないレベルになってきているのも、また事実なのです。

水銀はどこでとれるか

　水銀はきわめてまれな金属なのです。地球上に存在する元素のなかで量から

いって少ない方から10数番目、銀と同じ位しか存在していません。地殻の300億分の1位しか占めていないのです。

現在の主要な産地は世界最大のアルマーデン鉱山をもつスペインのほか、イタリア、ソビエト、中国、メキシコ、アメリカなどです。わが国では、昭和11年に大暴風雨のあとで偶然に発見された北海道の大雪山のそばにあるイトムカ鉱山で、わが国産出量の約70％を占めています。

この他鉱山としては必ずしも採掘されていませんが、"丹生"（にう）という地名は水銀となんらかの関係ある所といわれています。

水銀は鉱石としては硫化水銀（朱とか辰砂と呼ばれます）として存在しますから、"丹生"は朱の産地の意味ではないかと考えられるわけです。事実、丹生に関連した地名を持つ数百カ所の土を分析したところ、30ppm以上の水銀を含んでいる所が30数カ所もあります（早大の松田寿男教授による）。土壌中の水銀の量は平均して0.03から0.08ppm程度ですから、明らかに水銀量の多いことになります。（1ppmは100万分の1のこと）

水銀とはどんなものか

水銀は、常温で液体で存在しているただひとつの金属です。固体になるのは－39度以下です。水銀についでは最近エレクトロニクスの材料として注目されている、ガリウムという金属が低い温度で液体になります。ガリウムのとける温度は約30度ですから、夏は液体、秋冬春は固まっているということになります。

水銀の比重は約14、鉛の11に比べれば大きいですが、金は19ですからそれ程でもありません。鉄の約2倍強という値です。牛乳びん1本が約25キロ、4本で貴ノ花関の体重に匹敵することになります。

水銀中毒は奈良時代から

水銀によると思われる中毒の歴史は古く、奈良の大仏の製作時にも多くの工人が水銀中毒で倒れたといわれています。大仏の金メッキ（現在ははげてしまっていますが）に水銀を使ったのです。

749年（天平21年）2月に、陸奥国（いまの東北地方の太平洋側にあたる）から金がとれたという知らせがあり、聖武天皇は大変よろこんで鋳造の真っ最中だった大仏の前で感謝文を朗読させ、これを記念して『大平感宝』と年号をあらためたといいます。この金を使って仏のメッキをしたと伝えられます。メッキには5年かかり、メッキの方法としては、鋳造したままの表面をと石で磨いて平らにし、さらに木炭で仕上げのみがきをします。これに金と水銀を2対1の割合でまぜたアマルガムを、塩気のない梅ずで洗った表面に付け、炭火をかざして水銀を蒸発させると、金メッキができます。この操作を数回くりかえして厚いメッキをしたものと推定されています。

水銀は非常に蒸発しやすい金属です。蒸発する割合は温度が10度上がると倍になります。ですから、このようなメッキ、金の精錬、錬金術師の職場など、古くから水銀の使われた所では、水銀蒸気を吸いこむことによって、中毒を起こしたのです。水銀蒸気は吸い込むと非常に有害で、肺の組織を刺激して寒け、発熱、せき、胸をしめつけるような感じの症状が出て死亡する例も出ています。

水銀蒸気による中毒は、一般的には水銀を常用している物理や化学の実験室、水銀鉱山、寒暖計や体温計の製造所などで起こり、昔から職業病として恐れられていました。

慢性的な水銀中毒の症状としては、胃腸が悪く、口内炎があらわれ、歯ぐきに黒いしみがつき、がんこな湿しんに悩まされ、さらに進行すると、まぶたや手指のふるえ、頭が重くなり、脚気や、神経衰弱と誤診されるような症状を呈します。

食物連鎖 ①

無機と有機

「無機水銀だから大丈夫、こわいのは有機水銀だ」といったいい方をされることがあります。さき程の朱は無機水銀で、たしかに、これ自体は化学的には

非常に安定な化合物です。アマルガムも比較的安定です。しかしうっかり熱したりすると分解して水銀が蒸気となって出てきます。消毒に使う昇汞（しょうこう）は学名は塩化第二水銀といわれるもので、無機水銀ですが、有毒です。昔から殺人や自殺用に使われています。したがって、無機だから大丈夫だということではないのです。

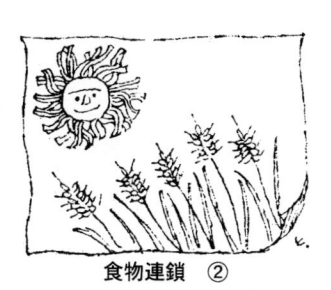

食物連鎖　②

しかし、メチル水銀などの有機水銀化合物と比べると、体内への吸収のされかたがまったくちがうのです。また無機水銀は体外への排泄も早いのです。

有機水銀化合物とは、炭素や水素が組み合わさってできている有機化合物の一部に水銀が構成要素として取り入れられているもので、広く、有機金属化合物といわれるもののひとつです。ガソリンの添加剤に使われている四エチル鉛、離型剤や水はけ剤に使われるシリコーンやシリコンゴムなども有機金属化合物です。この他プラスチックの安定剤をはじめ医薬など各方面に多量に使われています。

水銀のはいった農薬

水銀の有機金属化合物としてもっとも大量に使われているのは農薬としてです。特に一時はイネのイモチ病の特効薬として大量に使われました。イネを赤茶けた雑草にし年々全収穫量の一割近い100万トンに及ぶ減収をもたらしていたイモチ病は有機水銀系農薬のおかげでなくなりました。

しかし、この水銀農薬は米の中に残留し、これによる中毒の危険性が指摘きれ、イモチ病用がさる昭和43年末に、果樹や土壌用が昭和45年3月で製造販売を禁止されました。発売以来実に15年以上にわたってばらまかれたことになります。水銀に換算して2千トン程度投入された計算になります。これは使用量2位のアメリカでさえせいぜい400トン程度ですから、面積あたりにしていかにベラ棒な量が使われたかがわかります。

佐久病院の若月さんの調査では、現在でも多いものでは0.4ppm近くの水銀

が米の中に含まれています。昭和20年の米には0.02ppm、昭和30年には0.06ppmという値ですからいかにふえているかわかります。

いったん、このように自然界に放出されたものはなかなか消失しないのです。百年たっても駄目ではないかという悲観論さえあります。

日本の汚染は世界最高

毛髪には水銀をはじめいろいろな金属が含まれています。その量は体内に吸収され排泄されて行く様子をしめしていますから、汚染の手がかりにすることができます。

欧米人の頭髪中の水銀の平均値は2ppm位ですが、日本人は5ppm位になります。外国に留学

食物連鎖　③

していると少なくなり、帰って来ると水銀量が倍以上にふえるという事実は、いかに日本が水銀汚染国であるかをしめしています。

グァム島から帰って来た横井さんは帰国当時2ppmだったのが半年すぎた時点で8ppmと4倍にもなっています。

なお、マグロをたくさん食べる人だと20とか30ppm、水俣病で発病した人の最低が35、多い人は300ppm程度です。

水銀系農薬による汚染は、じかにまかなければ大丈夫かというとそうではありません。種子の消毒にもいまなお使われていますが、先日もイラクで水銀農薬で消毒した小麦を食べて中毒がありました。こうして水銀系農薬で消毒した麦の粒子をまいて、とれた麦をにわとりに食べさせ、生んだ卵のなかの水銀量を分析してみますと、無処理の場合の数倍の水銀を含んでいます。

事実、第二次大戦中から種子の消毒に水銀系農薬を使っていたスウェーデンでは、欧州大陸各国産の卵に比べて、4倍程度の水銀を含んでいます。これは卵だけではなく、豚肉でも牛肉についてもいえることです。

水銀消費量の約半分は化学工業

農薬としての使用が量として問題でなくなった現在、水銀の最大の消費者は

化学工業です。年間2千トンの水銀消費の約半分強が化学工業用です。
　化学工業用としては、水俣のチッソや新潟の昭和電工のように触媒に使ってアセトアルデヒドをつくるもの、塩化第二水銀を触媒としたアセチレン法塩化ビニールの原料製造、そして水銀を電極に用いた電解による苛性ソーダや塩素の製造などがおもなものです。
　アセトアルデヒドは43年5月までに水銀を使わない方法に転換しました。塩化ビニール・モノマー（プラスチックの塩ビはこれを重合したものです）工場も、46年4月までにほとんどの工場が水銀を使わない方法にかえています。
　電解ソーダ工場は、40数社ありますがそのすべてが水銀を使い、水銀をなんらかの形でたれ流しているのです。

無機水銀もメチル水銀に変わる

　化学工業で使われているのは無機水銀です。それなら、多少たれ流したって問題ないではないか、という議論があります。前にも書きましたが、無機水銀といえども多くのものが恐ろしい有害物質です。しかし何といっても、もっともこわいものは有機水銀、とくにアルキル水銀（メチル水銀とかエチル水銀など）です。スウェーデンで種子の殺菌に使っていたのはメチル水銀といわれています。
　水俣や、阿賀野川で起った中毒の原因物質はメチル水銀です。チッソや昭和電工はけっしてメチル水銀を直接たれ流していたのではないのです。しかし排水中にはメチル水銀があったのです。これはバクテリヤなどの作用で無機水銀がメチル化したものと考えられています。

食物連鎖 ④

メチル水銀は脳をおかす

　各種の水銀化合物が体内にどこにどのように吸収されて行くかを明らかにするために、東大の白木博次さんたちは、サルを使ってくわしい実験をしました。使った水銀化合物には放射能の目じるしをつけてあります。

その結果、無機水銀は中枢神経系にはほとんど侵入してこないことがわかります。ところが、メチル水銀とほぼ同性質のエチル水銀は投入1時間後には、中枢神経系に侵入してきて、20時間後にはかなりの量に達し、1日後には驚くべき蓄積量に達します。

また、体内からの排泄も、無機水銀の場合は早く、エチル水銀ははるかにおそいのです。これは、無機水銀は主として血液のなかにあるので体外排泄が容易と思われるのですが、エチル水銀は、投与後すぐ赤血球のヘモグロビン分子と強固に結合してしまい、これが体内を循環して、中枢神経系を中心に次第に臓器や身体組織に蓄積されて行きます。

このような実験結果は水俣病の経過をよく説明してくれるように思われます。

水銀の行くえ

自然界に放出された水銀は、それが無機であろうが、有機化合物であろうが、生物の食物連鎖を通して最終的には人間にはいり蓄積されて行くことになります。この過程のなかで、その一部はメチル水銀に変わって行くことになります。事実、魚に含まれる水銀のなかのメチル水銀はかなりの割合になりますし、また頭髪中のメチル水銀の割合も、60～70％に達します。

食物連鎖とは、例えば植物性のプランクトン→動物性プランクトン→水生昆虫→食虫性の水生昆虫→小魚介類→大型魚類と順次補食してゆく関係をしめしています。陸上ではこのように長い鎖を形成することがないので、とくに水の汚染が問題となるわけです。

マグロの中の水銀

われわれ日本人は、欧米人に比べてとくに水銀蓄積量が高いことは前に書いた通りです。それは、農薬によるものがその原因のひとつですが、もうひとつは食事の魚介類からです。とくに水銀汚染地域の魚介類や、マグロに水銀が多いことはよく知られた事実です。

食物連鎖　⑤

マグロに何故水銀が多量に0.5〜1ppmも含まれているのかはわかっていません。

博物館の古い標本を調べてみるといまから百年位前のものにも同じ程度含まれています。

自然状態で海水中には2億トン程度水銀があると推定されます。それにたいして年産額1万トンの半分位が全世界では海水にたれ流されていたということになりますが、外洋性のマグロ類がこれによりとくに汚染されたとは考えにくいという意見もあります。しかし、マグロの水銀のいくらかは、食物連鎖によるものではないかという可能性も否定しきれません。また、マグロ多食者にメチル水銀が蓄積している事実をまだ明らかな中毒症状がないからといって、無視することはできません。

水銀汚染には許容量はない

水銀は人間生活にとって大切な元素のひとつです。一寸気をつけてみれば体温計、水銀灯、カメラに使う水銀電池、消毒の赤チン、朱塗り、印肉（最近の安物はちがいます）などたくさんの水銀化合物が使われています。また特殊な顔料として、かびを防ぐ塗料や船底塗料（47年から使用を禁止されました）、温度が変わると色が変わる示温塗料の一種にも使われています。

化学工業にとっては、触媒として、電極としてひじょうに大切な役割を演じているものです。少ない資源を湯水のように使い、みんなのものである自然界にたれ流していたわけです。電極用の水銀の使用料の半分以上は、たれ流した分の補給用に使われていたことになります。

水俣湾には現在でも場所によっては水銀を数百ppmも含んだヘドロがつもっています。有明海も徳山湾も、富山湾も、水銀を使っている工場のある所には約10から数百ppmの水銀が堆積しているのです。

千葉県ではたれ流した企業の責任で、10ppm以上水銀を含んだヘドロを取り除くことを求めています。国では25ppm以上を考えています。水銀を含んだヘドロはいかに費用がかかろうとも、なんらかの方法でこれ以上環境に出ないよう封じこめる必要があります。

日本中、魚といわず国内でとれる食べるものすべては、大なり小なり水銀で汚染されているといって差支えありません。

　これらの環境の汚染を調査し、有効な対策を立てることに一刻のゆうよも許されないのです。

　この10数年間、ことが起る度に問題が指摘され、対策を要求されながら、なんら有効な手段を講じることなく今まできているのです。やる気になれば、環境に放出することなく生産を続けることができるのです。

　貴重な資源を湯水のように使い、たれ流して環境を汚染したつけを、何の罪もない一般の人々に回そうとしているのです。

（「青年運動」1973年10月号）

　編注：環境基準（土壌・水質）―1971年環境庁告示
　　　　総水銀：検液 1ℓ につき 0.0005mg 以下であること
　　　　アルキル水銀：検液中に検出されないこと
　　　　土壌汚染対策法（2002年制定）基準値：水銀　15mg／1kg

暮らしのなかの重金属の不安

　イタイイタイ病や、水俣病というと、一地域の、それも過去のことのように思いがちです。濃厚な汚染地域は少なくなり、カドミウムや水銀といった重金属汚染に脅かされる機会も、幸いなことに少なくなったのは事実かもしれません。

　しかし、金属による環境汚染は、より広はんに、そして多岐にわたり、平均してみるとき、濃度も年々増していることは、残念ながら事実なのです。

　アメリカの学者の調査によると、クロムやカドミウム、亜鉛などの重金属の身体臓器への蓄積量では、日本人は世界一、二といわれる有様です。

　埼玉医科大学の竹本さんの調査では、都会地に住む、犬や猫の重金属汚染も、その影響を無視できない量に達しているそうです。

　神社や駅舎にむれる鳩たちにも、鉛中毒症状が見られるといいます。

　かれらが高濃度に汚染されていることは、われわれもまた汚染されていることを意味しています。われわれの世代にいますぐ顕著な影響が見られないとしても、次の世代、さらにその次と考えたとき、どうなるのか心配なことです。

　どうしたらいいのでしょうか。

　もちろん、主要な汚染源である企業とかゴミ処理場などでの責任ある処置が必要なのはいうまでもありませんが、消費者も、汚染についての日常的な知識をもつことが必要でしょう。

　洗剤問題で議論されながら遂に実現しなかったことですが、諸外国で実施されているように、製品について「成分表示」をさせ、使用材料を明

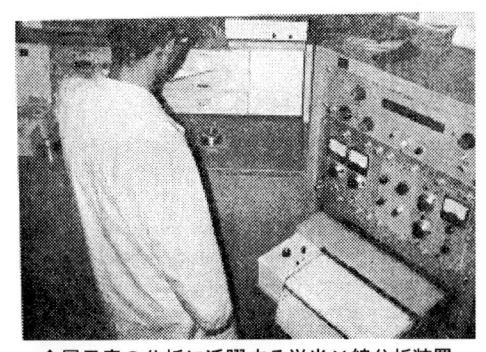

金属元素の分析に活躍する蛍光X線分析装置

らかにさせるといった最低のことを企業に実行させることが、一見ささやかな行為ですが、まず第一に必要なことです。われわれの国では、このささやかなことすら実現されていないのです。

身のまわりの金属汚染について、いくつかの例を紹介して、汚染の現状を理解するうえでご参考になればと思います。

軽金属と重金属

地球上に存在する90弱の元素（原子番号でいえば1番の水素から、ウランの92番までですが、いくつかの元素は地球上に存在しません）のうち、約3分の2が金属元素といわれるものです。このほか、金属の仲間として扱われるものに、金属と非金属の中間的性質を持った半金属とか、セミメタルと呼ばれる一群があります。セレン・テルル・ヒ素・シリコン・ゲルマニウムといったものがこの仲間です。

金属を分けて、軽金属と、重金属といった呼び方をすることがありますが、比重4（水を1として同じ体積で4倍の重さ）以下のものを軽金属、これ以上を重金属といった分け方です。工業的な理由もあってこんな分け方が生まれたのです。なじみの金属ではアルミニウム（比重2.7）、マグネシウム（比重1.7）が軽金属で、鉄（比重7.8）・銅（比重8.9）・鉛（比重11.3）・クロム（比重7.2）などすべて重金属です。

この重金属による汚染が問題になることが多いので「重金属汚染」といった呼び方もするわけです。

軽金属でもおそろしい

軽金属の仲間でもっとも恐ろしいのは、ベリリウムです。銅との合金はベリリウム銅と呼ばれて優秀なバネ材料ですが、原子炉用の材料としての用途がもっとも多く、そのために発達した金属材料です。酸化物はベリリヤと呼ばれて、すぐれた耐火材料ですが、また、もっとも毒性の強いものです。

わが国ではベリリウムを扱っている企業は一、二社しかありませんが、アメリカではその数も多く最も恐れられている金属です。

症状としては、皮膚の炎症もありますが、吸ったことにより起こる「肺疾患」がおもな症状です。数年前に、ベリリヤを加工していた作業者たちがこの病気にかかるといった事故が、京都地方のエレクトロニクス部品メーカーでありました。

汚染が広がるセレン

　セレンはセミメタルの仲間で、光や電気に対する特殊な性質を利用してエレクトロニクス用にいろいろ使われますが、私たちがじかにお目にかかることはまずありません。

　しかし、カドミウムとの化合物は、もっとも化学的に安定した鮮かな赤色顔料として、例えば赤や黄色のホーローの色つけ、プラスチックの赤に、印刷インキにといった具合いに、大量に使われています。

　ゴミ処理場の焼却灰の中のカドミウムが非常に多いので(時によっては数十ppm)よく問題になりますが、このことは、相棒として化合していた元素、セレン（黄色はイオウとカドミウムの化合物、中間の色はこれらの混じったもの）が、大量に水の中に、またガス体として、ゴミから放出されたことを意味しています。

　皮ふにふれるとシッシンを起こしますが、化合物の毒性はヒ素に数倍するといわれ、われわれの環境中に最近ふえているので、その影響が心配されているものです。

ニッケルや銅の緑色の化合物

　ニッケルや銅の化合物はあざやかな緑色（ニッケルの方がいく分うすい）をしているものが多いので、いかにも有毒にみえ恐れられますが、その毒性については必ずしも明らかではなく、議論があるようです。しかし、中には酢酸銅や脂肪酸との化合物のように、毒性のハッキリしたものもあります。休・廃止鉱山からの水で農地が銅により大規模に汚染されているので、注目すべき環境汚染物質です。

　白銀色にメッキされたパイプやネジなどに緑色のサビがふいていることがあ

りますが、これはほとんどがニッケルの化合物です。銅や真ちゅうや鉄にニッケルめっきをする場合と、さらにその上にクロムをめっきする場合とがあります。

　数年前、ジャーの蓋のとめねじから緑色の汁が出る、緑青がでるといって騒がれましたが、この緑の汁はニッケルの化合物によるものです。

　ニッケルの化合物でもっとも恐いのは、カーボニル・ニッケルといって、一酸化炭素との化合物でガス体のものです。高純度のニッケルの粉を作ったりするのに使われます。

身近にあるクロム

　この夏以来の六価クロム騒ぎは異常ともいえますが、それだけ汚染が深刻であり、実情が衝撃的であったといえます。六価クロム化合物の恐しさはもう数十年も前からいわれていたことですが、これを大量に扱う企業の中でまったく無視されて来たことは驚くべきことです。

　クロムおよびクロムの化合物は非常にわれわれにとって有用なものです。日常世話になっている点では、鉄やアルミニウム以上といえます。毛織物には媒染剤として使われたクロムが、また皮靴にはなめしに使われたクロム化合物が、大量に入っています。めっきもだいぶぶんクロムですし、プラスチックのフイルムも、段ボールも、クロムめっきしたローラーや道具があってはじめて製品化されるものです。自動車のエンジン部品もクロムめっきしてなかったら、たちまちまいってしまいます。

　駐車禁止や追い越し禁止の標示に使われる黄色いペンキも、クロム酸鉛という六価のクロムと鉛との黄色い化合物を顔料としたものです。鉛筆のぬりに濃い緑色の塗料が使われますが、これもクロムの化合物です。

　ごく特殊な用途ですが、ルビーの赤も、エメラルドの緑も、クロムのはたらきです（この頃のルビーやエメラルドは合成されたものがほとんどです）。

　工業現場での使用も莫大な量にのぼります。これほど大量なのですから、ゴミ焼却場の灰や、下水処理場の汚泥に、大量のクロム（数100ppm以上）を含んでいるのは当然なのです。

クロムの化合物は、自然界で容易に六価から三価に、また三価から毒性の強い六価に変るといわれます。クロムの化合物は、大量にあるいは継続的に吸いこむことによって、肺ガンやじん肺を引き起こすといわれてます。クロム化合物の行方について、もっと関心が払われてしかるべきでしょう。

電池と重金属

マンガンは、土壌の中の含有量も100ppmから、所によっては1000ppmといわれ、けっして珍しい金属元素ではありません。金属単体として使われることはなく、合金されたり、また化合物として使われます。

身のまわりのものとしては、乾電池に二酸化マンガンとして使われています。マンガンの化合物は比較的水にとけやすく、乾電池を大量に廃棄して汚染をひき起こした例も知られています。

マンガンは、神経をおかし、パーキンソン氏病症例といわれる特徴ある症状を示します。

電子化時代、何にでも乾電池が大量に使われ、消費されています。ひとつひとつは小さなものですが、チリも積もれば山となります。回収して処理することが考えられてしかるべきものです。

このほか、乾電池には、水銀電池（カメラの露出計、補聴器などに使用）、充電用のカドミウム・ニッケル電池などありますが、いずれも問題の重金属を含んだものです。

汚染が増しているカドミウム

水銀は、ここ数年来の規制で、環境に野放図に放出されることはなくなりましたが、だからといって、かつて農薬として、あるいは化学工場からの汚泥として放出されたものは、なくなるわけではありません。さまざまに姿をかえて、わたくしたちの身体にとり入れられることに変りはありません。さらに一層の監視が必要です。

カドミウム汚染も、継続的な監視が行なわれていますが、事態は好転せず、むしろ汚染地域が広がる傾向を示しています（環境庁・49年度調査）。調査が

土壌（主として幹線道路沿いの表層土）中の重金属含有量の調査結果

（試料採取：1973年11月～1974年10月）

試料採取地点	試料点数	鉛 (Pb) ppm 平均	亜鉛 (Zn) ppm 平均	カドミウム(Cd) ppm 平均	銅 (Cu) ppm 平均	クロム (Cr) ppm 平均
東久留米市団地内	16	74	203	1.4	69	26
日比谷―六本木―青山	66	232	331	2.3	89	28
日比谷―九段	35	226	322	1.6	56	19
国道246二子玉川付近	5	317	193	3.4	46	15
東京幹線道路	44	360	635	2.2	159	―
国道246青山通り	36	441	522	2.5	110	25
松戸市内	28	67	145	1.3	57	16
座間市内	20	86	145	2.1	63	16
仙台市青葉通り	23	69	211	2.1	44	9
都公害局49年度東京都内土壌対照地	19	76	265	2.44	111	113

行なわれているのは農業用地に関連した所ですが、都会地での汚染も、数ppmから10数ppmと無視できない量に達して来ています。

ひとつの原因は自動車交通に伴う亜鉛量の増加（亜鉛は自然界では50～100ppmですが、交通のはげしい都会地では、数百から、場所によっては1000ppm以上あります）、これに随伴して存在するカドミウムの増加といったことも考えられます。黄色い塗料として不用意に使われているのではないかといった疑いもあります。

日本人の臓器中のカドミウム蓄積は、アメリカ人などと比べて倍以上ともいわれています。その影響がどのようにあらわれているのか明らかではありませんが、廃棄物処理に関連するカドミウム汚染も含めて、広はんな調査が望まれます。

ローマ帝国は鉛中毒で滅びた？

毒性が問題にされるようになってから、4000年もたつというのに、いまだに事態が改善されないのは鉛による中毒です。金、銀、銅、鉄とならんで、鉛は人類とのつき合いの古い金属です。鉱石から容易に金属が得られますし、とける温度も300度少しと低く、軟かくて加工しやすい金属です。

白い炭酸鉛は、古くから女性のオシロイに（鉛中毒で大正期に禁止になりま

したが)、陶器の釉の材料に、また絵具に使われ、赤や黄色の酸化物も、顔料やガラスの原料にと大量に使われています。

ローマ帝国の時代には水道管として鉛の管が使われ、ローマが衰微したのは、鉛中毒のせいではないかと疑われるほどです。ある条件のもとでは、鉛は、水にとけにくい化合物の被膜を作るので、最近まで水道管として使われましたが、必ずしも安全なものではありません。

この5月に亡くなりましたが、わが国の法医学界の草わけ、古畑種基さんの「法医学ノート」には、鉛中毒について、興味ある例がいくつか紹介されています。

例えば、外国の例ですが、ある鉄道の駅員が、そろって原因不明の鉛中毒にかかり大騒ぎになり、よくよく調べてみたら、新しく作った呼子笛の口にあたるところが鉛製で、それがこの中毒の原因だったそうです。

また1人の男が3年にわたって鉛中毒の症状で困っていましたが、他の家族には症状はないので、水道の水とか食事ではなさそうです。しかし、いろいろ調べたところ、この家の井戸のパイプが鉛製で、この男は、朝起きるとこの井戸の水を一番に飲む習慣があり、したがって、鉛に濃厚に汚染されたたまり水を常用していたということがわかり、謎がとけたといった話などです。

この頃では金属鉛の製品は釣りの重りくらいで、あまり見かけなくなりましたが、身のまわりの鉛汚染がへっているわけではありません。

ガソリンに添加されている四エチル鉛は、この2月からの規制でその量はかつてほどではなくなりましたが、すでに環境に放出されたものは、消えてしまうわけではありません。テレビのガラスの黒いよごれ、都会地にみられるこの黒いヨゴレには、大量の鉛が含まれています。交通量のはげしい所のクーラーのフィルターにたまるゴミ、この中にも鉛は数100ppmも入っています。

都会の幹線道路ぞいの土には、200ppmからひどい所では、数100ppmも含まれています。道路ぞいに生活する人たちは、このような鉛入りの空気を吸っているわけです。

食器に使われている鉛やカドミウムも要注意です。赤や黄色に内側まで(蓋の内側も)ホーローがけした製品がひと頃出まわったことがありましたが、こ

れらの中には、かなりの量の鉛やカドミウムが溶け出すものがありました。

陶磁器の場合は、何回となく食品衛生法違反で摘発されましたが、衛生法でひっかかるほど（規定が古いので役にたたず、いまでは通産省指導の安全マークの規準が使われています）ひどいものは見かけなくなりましたが、安全マーク規準をオーバーするものは数多く、とくに高価な、内側にゴテゴテ彩色したものにこのような危険なものを多くみかけます。

規制はないけれど、ぞっとする品物は、ちょうど口にあたる所に上絵つけを施した茶わんや湯のみです。とくに緑色の上薬からは鉛がとけ出しやすく、先程の笛のように長年使用した場合、その影響は無視できないでしょう。

銅、亜鉛、鉄など、人間の生理活動と密接な関係をもった元素です。これらの金属元素の欠乏がさまざまな病気をもたらすことはよく知られたところです。そして多くの金属を、有害金属も含めて、日常わたくしたちが食物を通してとり入れ、排泄していることも事実です。

だから、金属汚染といって取りたてて騒ぐことはないといった意見があります。しかし、通常の食物連鎖から入る以上に、さまざまな形で知らず知らず過剰に摂取し、そのうちかなりのものが蓄積されていると思われる現実は、決して神経質すぎるといって、なおざりに出来るようなものではありません。

（「生活学校」1975 年 12 月号）

大気汚染を調べる

　1960年代後半から80年代にかけて日本の自動車の保有台数は急速に伸びた。とくに乗用車は1966年と1980年のデータを比べると約10倍に増え、車依存の社会になった。

　著者の事務所は青山の表参道交差点の前、国道246号線に面していた。1964年のオリンピックで道路が拡がり、一日の交通量は7万台から8万台だった。当時のビルは冷暖房設備もなくサッシ窓ではなかったので、車の騒音や排気ガスを含む粉塵が容赦なく事務所に入ってきた。窓のさんや本棚のすみなどにたまったほこりを蛍光X線分析で調べてみると鉛や亜鉛、銅などが大量に検出された。手分けして他の地域のほこりを集め、沿道の表層土も採取して重金属の含有量を調べた。

　1973年の衆議院特別委員会で、著者は自動車のガソリン燃料に添加されている四エチル鉛が環境汚染の要因のひとつだと、自分で調べたデータを示して意見を述べた。通産省は1970年、ガソリン無鉛化に着手、1975年にようやくレギュラーガソリンへの鉛の添加を禁止する。

　著者の大気、土壌、水についての環境調査は主として金属とその化合物を汚染源とするものであった。1970年代は各地の住民から汚染調査を依頼され、東奔西走していた。著者はまず現場に行って自分の目で確かめ、試料を採取し、持ち帰って測定分析した。そのなかでももっとも精力的に継続して調査したのは1975年の六価クロムによる土壌汚染である。衆議院の環境特別委員会に参考人として出席した著者は、その日の早朝に現地で採取した六価クロムを含む汚染土と黄色い水を示して、その危険性を強調した。

　土壌については法律による規制も対策も遅れていた（農用地の土壌汚染防止法は1970年、土壌汚染環境基準は1991年、土壌汚染対策法は2002年）。重金属による汚染は堆積し消滅しないので現在でもあちこちで問題が起きている。

ガソリン中の鉛による汚染について
衆議院科学技術振興対策特別委員会での意見陳述（抜萃）

　私がまず申し上げたいのは、最近環境週間というせいではないと思うのですが、異常な事態がいろいろ摘発されているということです。それで私にとってショッキングだったことは、おとといの朝のテレビのスタジオ102で、魚であるとか、あるいはブタであるとか、ネコであるとか、カエルであるとか、そういうものに奇形だとかあるいはいろいろ奇病を持ったものが非常に続発しておるという報道がされておりました。その中で言われたことは、その原因物質はわからない。しかし、何か汚染が非常に増大しているのではないかということです。確かに、原因はわからないけれども、現在汚染が増大しているということは明らかであろうと思います。

　ちょっとその一例をお目にかけたいと思います。これはおそらく自動車のガソリンに添加されている鉛による汚染だと思われますが、鉛並びにそのほかの重金属についての汚染がわれわれ東京の中でどういうふうになっておるかと言うことのデータです。これはわれわれが普通住んでいる部屋であるとか、事務所であるとか、あるいは窓のサッシであるとか、そういうところにたまっているごみ（編注：粉じんのこと）を集めまして分析した結果です。一応昨年の5月と今年の6月3日に集めたごみについてのデータをここに記載してあります。さしあたり鉛と亜鉛と銅についての測定値です。

　そういたしますと、非常に驚くことは、われわれの身の回りにあるほこりの中には、鉛というものは、大体1000から少し多い場合ですと1800とか1700ppmとかいうオーダーの鉛が存在しているということです。さらに亜鉛についていえば、大体2000から3000、非常に多い場合には、たとえば道路のガードレールのところのごみというようなものをとりますと、5000とか6000というような値もございますが、一応2、3000の値を示しているということです。それからたとえば銅というようなものをとりますと、やはりこれも数百ppmというオーダーを示しております。東京でも少し離れた東久留米であるとかあるいは

粉じん中の重金属含有量の調査結果

（試料採取：1972年5月～6月）

採取場所	検出元素（単位：ppm）			採取月日
	鉛 (Pb)	亜鉛 (Zn)	銅 (Cu)	
アグネ室内・港区南青山（青山通りに面す）	1,400	2,800		47.5.15
〃 X線装置の中 〃	3,350	10,400		〃
〃 窓サッシュ表側 〃	800	1,700		〃
〃 窓サッシュ裏側 〃	1,100	2,080		47.5.19
室内・三鷹市	540	1,370		〃
〃 渋谷区神宮前	1,150	2,200		〃
〃 千代田区麹町	450	850	250	47.10
〃 倉庫・埼玉県飯能市	250	430	110	〃
アグネ室内・棚の上	1,850	2,250	500	〃
ビニールフレームの上・茨城県鹿島	610	500	110	〃
正覚寺内側ガードレール・目黒区	1,500	5,000	430	47.11
大鳥神社内側 〃	3,200	5,700	270	〃
アグネ室内窓サッシュ表側	1,350	1,750	365	48.6.3
〃 窓サッシュ裏側	1,885	3,900	835	〃
〃 棚の上	1,170	2,320	865	〃
室内・東久留米市	190	775	430	〃
〃 三鷹市	695	820	355	〃
〃 渋谷区神宮前	675	1,450	330	〃
〃 千代田区麹町	450	850	250	〃
街路樹の葉・北区姥が橋交差点	1,080			45.9
〃 北区新荒川大橋	1,090			〃
浮遊ばいじん（粗い部分）北区農技研屋上	1,800			〃
〃 （細かい部分） 〃	2,880			〃

　埼玉の飯能であるとか、そういうところのごみをとってきて測定いたしますと、これはそれほど多くはない。確かにかなり多いのですが、それほど多くはない。たとえば東久留米の鉛についていえば、190ppm、それから亜鉛は775、銅が430というような値を示しているということです。

　それでは、自然界にどれくらい鉛があるかというと、こういうちりではありませんけれども、たとえば土壌の場合ですと、平均的には20とか30とか、せいぜい50ぐらいの鉛であるということです。それから銅だとか亜鉛についていえば、やはり100だとか200程度のオーダーの量だということです。東京の場合ですと、少し汚染がひどいということもありまして、たとえば日比谷公園

の近所というようなところの土壌をとりますと、それは鉛についていえば200とかその程度のオーダーはありますが、それほどの鉛量ではないということです。しかしわれわれは、こういうようなちりやほこりの中に日常生活をしているということです。

　それで実際にはガソリンの中に添加する鉛の量というのは、発表によれば減っているわけです。たとえば環境白書にも掲載されておりますけれども、昭和44年というような段階では、1ガロンに対して2.34ミリリッターの四エチル鉛を添加しているわけです。これは高オクタン価のほうのガソリンです。それが45年には1.17となり、46年には0.81となり、さらに47年はもっと減っているだろうということです。

　それから四エチル鉛の輸入量というものも、実際に44年を境にして幾分減っております。減っているから、もうこういう鉛の問題はわれわれの身の回りからなくなったのだろうというふうに一見思うわけですが、実はそうではない。自動車から排気された鉛というのは、こういう都会の中ではますます蓄積され、それがわれわれの日常の身の回りに一般に飛びかっているということに結論としてはなるわけです。

　そのほか、先ほども宇井参考人が言われましたけれども、たとえば亜鉛も非常なオーダーの増加を示している。銅もどこから来るかわからないけれども、非常なオーダーの増加を示しているということです。こういうことが、われわれかなりの年配のおとなはともかくとして、乳幼児とかそういうものに与える影響というものは、決して無視できないであろうというふうに考えられます。一例を申しあげましたけれども、汚染の実態というのはこういうことであるということです。

　それでは、そういう環境汚染をわれわれはどうしたらなくすことができるかという問題になります。それは非常に極端な話をすれば、汚染源をなくすということです。ですから、自動車の場合でいえば、鉛の添加をまずなくすということが最も手っとり早い解決の道です。しかし現状の問題として、いろいろな企業であるとかそういう場合の対策は何かというと、やはり汚染源を突きとめるということです。先ほどの宇井参考人の話にありましたけれども、PCBの

例でいうならば、かなりのものはわかっているのに公表されないとか、それからまだわからないものがかなりあるというようなことですが、そういう汚染源を徹底的に突きとめていくということが一つです。そしてその汚染源から汚染物質を出させないということになると思うのです。

　ところが、汚染物質を出させないということは簡単なんですが、そういたしますと、今度は中にどんどん蓄積をされる。現在の技術的段階では、たとえば排煙脱硫であるとか、あるいは粉じんにいたしましても、99とかいうオーダー、そういうものをとることが可能であります。ということはどういうことかというと、企業の中にたとえば硫黄であるとか、あるいは石こうであるとか、いろいろな形の粉じんであるとか、そういうものがどんどん蓄積されてくるということになります。そういたしますと、一つの解決方法としては、そういうものをこっそりまた別なところで捨てるという問題が一つあります。それから、さらに違った形に姿を変えて利用していくということが一つあります。しかし、違った形に姿を変えるということは非常に危険であって、何が入っているかわからないものを、違った形に姿を変えるということで汚染をさらに拡散させていくという問題があります。それから、さらに汚染の一時期を幾分延ばすだけにすぎないという問題があります。最終的にはそうやって、たとえば蓄積したものについてはそれをもう一度資源として利用していく、完全なクローズドサーキットを企業がつくっていくということが要求される問題だと思います。（以下略）

　　　　　　（第71回国会委員会議録第14号（1973年6月6日）より）

六価クロムとH氏の執念

　戦前、上海に共同租界といわれた、イギリス、日本、アメリカなどが特権的に共同管理した外国人居留地があったころの話である。ここでの最高給とりは排泄物監視役英人H氏であったといわれる。
　その当時、租界を管理していた工部局では、汚わいを船で揚子江流域の農家の肥料として売り、財政のかなりの部分をまかなっている。
　くみ取り人夫たちが水を増して暴利をむさぼるのを防ぐために、かれは汚わいを船に流しこむ樋（とい）の所にがんばって、流れ具合から品質を判断し、買取り値段をきめていたのである。この道20数年のかれの鑑識眼はすばらしく、いささかの水増しも見逃さなかったと伝えられる。
　排泄物はかつては貴重品であった。昭和25年から7年ほど仙台で暮らしたことがあったが、黒ぬりの縦長の身の丈大の桶（おけ）に入れて背中にしょってかつぐ姿に驚いたものである。
　肥料としてだけでなく、野生の鳥や獣の場合にはかれらの生態を知る上で貴重な研究資料でもあり、砂漠（さばく）地方では家畜の排泄物は干して燃料とされるし、また、われわれの健康状態のもっともいいバロメーターでもある。毎日、その目方をはかり、状態をチェックして記録することは雲上人のおつきにとっては貴重な任務でもあった。
　ゴミは産業廃棄物も含めて、われわれの社会活動の排泄物である。この文明社会の排泄物の処理の仕方は、日本での現状でみるかぎり、一億総参加のトランプ遊び、ババぬきをしているに等しいといえよう。ゴミというババを素知らぬ顔で他人にわたして、ホッと胸をなでおろしているのである。いつかまた、それを自分でつかまされることも知らないで。
　ババのあるものは水に流され下水処理場で処理され、汚泥となり焼却されて六価クロムをはじめ重金属類を多量に含んだ灰となる。
　ゴミというババも不燃物は埋め立てに、もえるものは燃やされ、やはり重金属をふんだんに含んだ灰となる。さらに煙にもなって、広い地域にばらまかれ

る。ババは姿をかえ、重金属をはじめとする汚染物質はより濃縮されたものとなって拡散されてゆくのである。

　8月はじめからの六価クロム騒動も、その場しのぎの仮処理、検診で、"人の噂（うわさ）も七十五日"の諺（ことわざ）どおりそんなことがあったのかといったことになりそうである。9月の末に江戸川・江東のクロム鉱さい投棄地区をおとずれた時は廃棄物が露呈していた所も、10月はじめには跡かたもなく片づけられ、舗装されている。六価クロムを含んだ鉱さいはアスファルトの下に、ともかくも押しこめられ、人目につかないようにかくされている。

　産業廃棄物処理にあたっては、排出した企業の責任でということが強調されている。敷地に余裕のある企業は自社内に埋めたてたり、積んだりしている。わが国で最大の廃棄物生産者である鉄鋼企業も（鉄鋼生産量、年間1億トンとすると、その20％にあたる2千万トンという鉱さいを作り出している。日化工の場合は、年で50万トンとか60万トンと伝えられる）広大な敷地を確保し、あるいは埋め立て権をもっているからこそ、廃棄物が人目につかないで処理されているだけである。

　東京北区の日産化学跡地に多量の有害重金属を含んだ廃棄物が捨てられていたことが暴露され問題になっているが、企業内処理というといかにも聞こえはいいが、ふたをあけてみればこの日産化学と大同小異のことがおこなわれているといってよい。

　ババをたらい回しにするのでなく、そして臭いものにふたをするのでなく、実態を明らかにして抜本的に処理する体制をつくることが必要である。

　日本化学工業の場合も、クロム鉱さいの上にたてられた建物の壁には、徐々にではあるが、クロムが地下からにじみ出して、しみをつくっている。そこに六価クロムがあるかぎり、かれらは出口をみつけてぬけ出してくる。

　上海・工部局の英人、H氏に負けないような執念とカンを備えたゴミ監視人たちが数多く輩出して、ババの正体を見抜き、廃棄物が適正に処理されるようになることを期待したい。ただ日本の現状ではかれのように多額の報酬をもって経済的に報いられることは期待できないが。

（「赤旗」1975年10月17日）

黒いフルート

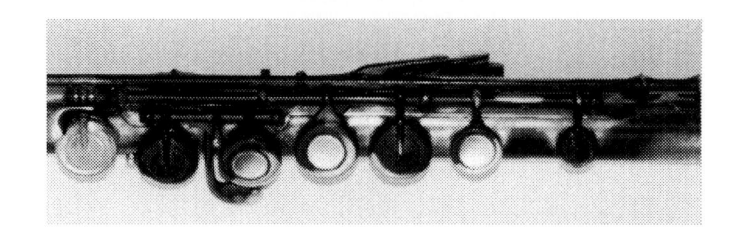

　昭和51年の夏のことであった。都下の国立市でフルートの製作をしている方から手紙をいただいた。銀製のフルートが紫黒色に変色して困るというのである。写真を同封して、原因がわからないだろうかとの問い合せであった(「技術と人間」1978年9月号130ページにこの間の消息がのっている)。

　銀製品が黒くなると、硫化銀ができたのだとは昔からよくいわれる。銀の懐中時計が流行したころ、温泉地帯にゆくとまっ黒くなるからと注意をされたものである。今でも、"銀器の手入れは"といった記事がよく新聞にのるが、空気中の硫黄化合物のせいで硫化銀ができるといった説明がしてあるのを見かける。

　さて、フルートも初心者向けのものは洋銀のようだが、ひとかどのものは銀90〜92.5％、銅10〜7.5％といった配合の材料を使っている。昔は黒く変色してくるのに2〜3年以上かかったが、この頃は3〜4カ月も使うと紫黒色になるという。その上、弁の所に使ってあるパッキング(フェルトを羊などの腸の皮で包んだもの)も、普通だと2年位はもつものが、とけるように変って破れてしまうとのことであった。

　黒変した部分を鉄のヘラでこそぐとはがれてくるが、何かしっとりとした感じのもので、2時間もこの作業を続けるとピカピカだった鉄のヘラがさびてくる。黒変したものはアンモニア水でふくときれいにとれてしまう、といったことが手紙に書いてあった。「持主の住所が、工場地帯や、環七(東京の外周を通る交通量の多い幹線道路)に近いので、大気汚染によると思うが」というの

である。

　手紙の模様から塩化銀ができているにちがいないと思われるが、念のため試料をもらいX線分析をしてみた。紫黒色のサビは実にみごとなAgClの回折パターンを示した。蛍光X線分析でも大量の塩素イオンが検出される（少量だとAgのL_1スペクトルとClの$K\alpha$スペクトルとが重なるので、判定しにくい）。硫化銀ではなかったわけである。都会地で生ずる銀のさびが塩化銀が主体であることは10年以上前から東京国立文化財研究所の江本さんが指摘されている所である。

　この塩素イオンはどこからくるのであろうか？大きくわけて3つの発生源が考えられる。第1は、自動車の排気ガスで、有鉛ガソリンを使っているものでは、掃鉛剤として塩化エチレンや臭化エチレンが添加してあり、鉛は、ガス状の塩化物や臭化物として排出され、分解して塩素イオンや臭素イオンが遊離される。第2は清掃工場からの排煙中に含まれる塩化水素である。塩化ビニールなどの焼却によるもので、除去に苦労はしているが未だにかなりの濃度のものが排出されているはずである。第3は化学工場などからのものである。自動車の無鉛化が進み、第1の原因のものは減りつつある。第3の原因も工場が都会地から消えていっているから一般には問題にならない。最も疑わしいのは第2の清掃工場である。

　黒くなるフルートをもっている人が、どこに住んでいるか、どこで吹いているのか、清掃工場や幹線道路の位置などのプロットをお願いした。その結果は、どうも犯人は清掃工場らしいというのが今日までの結論である。より系統的な調査をと思いながら、残念ながらあまりすすんでいない。

　ドイツに留学した人が、向こうで3年使って何ともなかったのが、帰ったらすぐ黒くなって、とか、豊島区の人が3年も使っているというのに、まったく汚れていないので『東京で3年？』『いや鹿児島で吹いていたのです』といった話など、ゾッとするような話である。

　大気汚染説には異論もある。汗から出る塩分によるのだというのである。しかし、これは、前述の状況からいっても問題にはならない。また、塩化銀は白いはずだがといった疑問もある。AgClは光にさらすと薄紫色から紫色になり、

最終的には青緑色に変るというのは無機化学の教科書にある通りである。
　なお、この話は東京だけでなく、大阪などでも起きているそうである。
　黒化をふせぐためだけならロジウムでコートするのも一方法だが、せっかくの銀の味がなくなる。なお、塩素イオンや硫黄イオンに敏感なことを利用して、汚染を調べる試験片として銀片は活躍している。

(「金属」1979年6月号)

二酸化窒素測定運動の意義と役割

　大気汚染測定運動も今年で第4回をむかえた。東京では、環境週間の6月6日から7日にかけて、2万あまりの小型捕集管が、地域・団体の実行委員会の人たちとこの運動に協力してくれた方たちの手によってつるされた。現在は、回収も終わり、測定、データの整理がおこなわれている。9月には、データを総括して、報告集会が開かれる予定となっている。
　測定運動への疑問に「大気汚染を測るといっても、二酸化窒素を測っているだけではないか」「それに、年にたった一日だけ測ってもなんの意味があるのか、いってみればお祭りではないか」、また、「きれいな空気をとりもどし、健康と環境を守るといっても、数年前に比べればきれいになったではないか」「二酸化窒素の環境基準は緩和されたし、なにを今さら…」といった声もある。
　それに「測定方法も少しも進歩していない。プラスチックの小さな管に紙を入れてつるしてほんとに測れるのか」といった意見もある。
　汚染物質に関心をもち、測定にたずさわってきた者の一人として、東京での経験をもとに気のつくことを書いてみる。

大気はきれいになったか

　現在、大気汚染物質として、全国の測定局によって継続測定されているものは、①二酸化硫黄（亜硫酸ガス）　②二酸化窒素と一酸化窒素　③一酸化炭素　④オキシダント　⑤炭化水素　⑥浮遊粒子状物質　⑦降下ばいじん―である。このほか、粒子状物質のなかに有害な物質を含んでいないか、随時採集分析もおこなわれている。
　これらの測定結果は、「環境白書」に要約されている。
　大気汚染物質の多くは、エネルギー消費、生産活動と密接なかかわりあいを持っている。したがって、石油ショックをきっかけに、一見、空はきれいになったかのように見えたが、経済回復にともない、ふたたび汚れてきている。

硫黄含有量の少ない重油の使用、脱硫装置の普及で、二酸化硫黄は、1967年をピークに年々減少というが、75年度から横ばいの傾向がみえはじめている。

　二酸化窒素にかんしては年々ふえる傾向にある。昨年度からやっと横ばいかといわれたが、かならずしもそうともいえない。

　一般環境大気測定局について76年度と77年度を比較すると、775局のうち二酸化窒素濃度が増加しているのが35局（4.5％）、横ばいが673局（86.8％）である。一方、自動車排出ガスによる影響に重点をおいて測定している所では、171局について、年平均値が増加している測定局が34局（19.9％）、横ばいが105局（61.4％）といったありさまである。

　以上、〝横ばい〟ないしは〝微増〟の傾向にあるというのが昭和54（1979）年度「環境白書」でのべているところである。

　また、原因は設備が一巡したからだという見方もあるが、公害防止機器の専業メーカーの昨年度の決算は、軒なみ赤字で最悪であったといわれている。

なぜ二酸化窒素を測るか

　東京のなかでも、もっとも自動車交通の激しい所のひとつである青山で、われわれはこの2年あまり、大気汚染自動測定機により二酸化窒素、一酸化窒素、二酸化硫黄、ふんじんのデータと、簡易捕集管による二酸化窒素の測定とを継続しておこなっている。

　これらのデータはおたがいに実に見事な対応をしめしている。すなわち、二酸化窒素濃度が高いときは、二酸化硫黄も、ふんじんも濃度が高い。したがって、都会地では、二酸化窒素濃度が高いということは、その他の大気汚染物質の濃度も高いことをしめしているといってさしつかえがない。つまり、二酸化窒素は大気汚染の指標物質といえるのである。

　二酸化窒素を測る運動を「大気汚染測定運動」と呼ぶことは、けっしてオーバーないい方でなく、よくその実態をあらわしているといえる。

　「横ばいないしは微増の傾向」と「環境白書」はひかえ目に書いているが、二酸化窒素が、確実に減少の傾向に転じたとき、はじめて「きれいな空」をとりもどす見通しがたったといえるのである。

簡易測定器の開発の歩み

　二酸化硫黄や二酸化窒素を、1台100万も200万もする測定機でなく、手軽にわれわれ自身の手で測ることはできないか、といったことは、大気汚染に関心をもつもの、運動にたずさわる人びとにとって長年の夢であった。この夢を現実のものとしようと、東京工業試験所の天谷和夫さんをはじめ多くの人たちによって簡易測定器の開発が試みられた。

　二酸化硫黄については、測定に、多少専門的な分析操作を必要とするということもあって、工場地帯などではいくつかの成果はあげたが、より広い運動に発展することなく現在にいたっている。

　二酸化窒素のほうは、カンカラのなかにアルカリをしませた濾紙をつるし、これを屋外に下げて、二酸化窒素を吸収させるというやり方からはじまり、手軽に、安く、しかも精度よくということで、なん回もの試作テストをくりかえし現在の親指ほどのプラスチックの管を使うようになってから、かれこれ10年近くにもなる。

　一日、屋外につるせば、十分測定できるだけの二酸化窒素が捕集されること、この管に自動測定機で使われているのと同様なザルツマン試薬を加えれば、捕集された二酸化窒素の濃度に応じて、液が紫かかったピンクに発色するので、これを比色計で測れば、濃度が数字でわかるというわけである（写真3参照）。比色計も化学分析用に使うものは、安いもので20万円ちかくか高いも

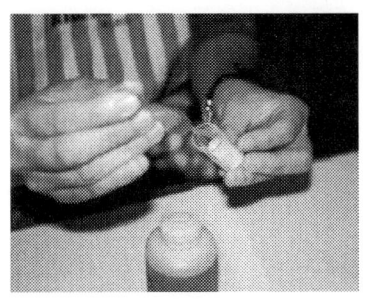

写真1　捕集管をつくる
ポリスチロール管の中にろ紙を入れ、スポイトを使ってトリエタノールアミン液（吸着剤）をろ紙にしみこませる。

写真2　捕集管を取り付ける
通常は地上約1.5mくらいの位置に固定し、24時間後に回収する。

写真3　比色計による濃度測定
①回収した捕集管にザルツマン試薬（発色剤）を注いで20分間そのままにした後、比色計で測定する。
②得られた数値（μA）を比色計の検量線グラフからNO_2濃度（μg）に換算する。
③さらに、自治体などのNO_2自動測定機のデータを参考にして得られた換算係数を用いて大気中濃度ppmを求める。

のでは100万円以上のもある。簡易測定のための、中学生や高校生でも自作できるものが天谷さんによって考案され測定運動で活躍している。

簡易測定法の評判

　大気汚染運動のように多くの一般の人に参加して測ってもらうためには、まずだれでも確実におこなえることが必要である。費用があまりかからないことも重要な条件だが、方法として確立され、その評価が定まっていることが、なによりも重要なことである。

　「あんなチッポケな管でなにがわかるか」といわれるように頼りないオモチャみたいなものであろうか。

　簡易法をどのように位置づけるかについては、環境庁の委嘱をうけて調査研究がおこなわれ、その結果が、中央公害対策審議会大気部会の「二酸化窒素に係る判定条件等についての専門委員会報告」（1978年3月20日）につぎのように要約されている。

　「…二酸化窒素測定のための簡易法は、汚染の程度を相対的に把握するうえでは、取り扱いが簡便で、廉価であるために利用効果が大きい。本章で述べたようにいくつかの制約条件はあるが、例えば簡易捕集装置を多数点に置いて相対値を求め、これを同時に測定した自動測定器による測定値と対応させることによって、数的に限られた自動測定器による測定値を空間的に補間することが出来る」…とのべている。

　プラスチック管を使った簡易方式がどのような特徴をもち、それから得られ

るデータはなにを意味し、どう評価したらいいのかを、よくわきまえて活用することが重要である。捕集管のデータはでたらめではなく、面での二酸化窒素の濃度分布を測るためには、現在では唯一のそしてもっとも有力で、信頼のおける判定方法なのである。

風の影響はどうか

　「あんなチッポケな管で…」といった声のなかに「風の影響がいろいろあって、と専門家もいっている…」、「だからあてにならない」といった議論がある。
　自動機の場合は、一定量の空気を強制的にポンプで吸収し、そのなかにふくまれている二酸化窒素を測っている。簡易方式では、プラスチックの捕集管の口を下にして、自然に吸収されるのを捕えているだけである。したがって、風が強ければより空気にあたるから、濃度が高く出るのではないかといった意見もあり、また、それが実証されたという実験もある。事実、前述の中公審の報告等のなかでも「風速4m／秒の時と1.5m／秒以下のときとでは前者では1.5～1.0倍の捕集効率であった」といった記述がある。
　実験室のなかのつくられた条件下でならともかく、外気中で、しかも一日つるした場合、そこでは風も脈動しているし、また風が多少とも吹けば、大気はとたんに綺麗になる（自動測定機で濃度の動きと、風の強さとをながめていると、その対応は驚くほどみごとである）といった都会地の条件下ではたしてどのような影響があるのか、軽率には判断できないことである。うんぬんするための野外データがあまりにも少ないというのが現状である。しかし、一方では自動車やオートバイの運転者のように、いつも風をきって活動している人たちの被曝をはかりたいといった要請もある。このような目的のために、はっきり風の影響を受けないというデータの裏づけのある簡易捕集器の開発が望まれるところである。これについては、東大の西村、柳沢といった人たちによって開発が進められ、いよいよ本格的な使用実験にはいると伝えられている。

受身でなく

　「配られたから、頼まれたからかけてみた」といった受身でなく、みずから

プラスチックの管に濾紙を入れ、液をたらして捕集管をつくり、つり、回収をし、発色液を加え、比色計で測り、二酸化窒素濃度をもとめ、汚染濃度の分布図をつくるといったところまでやらないと——これは個人の場合もあるし、グループでの場合もある——空気をきれいにし、環境を守るといっても、具体的な運動へのエネルギーは湧いてこない。

　小さなプラスチックの管が、実にみごとに汚染のありさまを物語ってくれるのを目にするとき、汚染の原因がなんであるかを納得もし、どうしたらきれいな空にできるのかといった具体的なイメージも浮かんでくる。幹線道路と、それからすこしはずれた横丁、また緑の多い公園、住宅地とでは、空気のきれいさがいかに違うかを歴然とこの小さな管はしめしてくれる。百個、二百個となるといちいち手造りの比色計で測るのは面倒だと、大きな病院などで持っている自動式の分析用比色計を使いたくなる。しかし、手造りのものを手造りの装置で、一つひとつ確認しながら測ってこそ、なんとかしなければといったファイトも湧いてくる。

　前述したように、絶対値をもとめるためには、自動機の所に捕集管をかけ、両方のデータから換算係数をもとめる必要がある。そのために、自治体に出かけてみるとはじめて、公の大気汚染測定とはどんなものか納得する。駅前の広場などにある掲示灯の数字は（騒音はその場所だが）雑踏から遠く離れた、ずっと空気のきれいな所の数字であることを発見して、なんだ、なんの意味がといった気にもなる。自治体を訪ねるといま故障していて、修理費用がないので動いていないのです、といっていかに高価な測定機や分析装置が多数休眠しているかといったことも体験する。

　なんの気なしに眺めていたデータもそれがおかしいかどうか見きわめる目も養われる。いくら高価な自動機が備えてあるからといって、それを動かしデータを最終的に評価するのもまた人であることをあらためて思いしらされる。

「たった一日」が貴重

　「たった一日だけでなんになる」といわれるが、その一日が貴重なのである。毎年ほぼ同じ日に全都をあげて大気汚染濃度を測り、その分布、濃度の地域

差、健康への影響といったことを評価してゆく。これは、世界にも例をみない住民参加の壮大な環境測定実験なのである。

 そのためには、まず空白地帯をなくすことが必要である。4年になるというのに、都内の区部でみても一区に20とか30といった所があいかわらずある。一方では数百とか、千以上のデータがある区もある。「自治体がやっているからそんな必要はない」、「忙しくてそんなチッポケな管をつくることなどにかまっていられない」といった声を聞く。理由はいろいろあろう。

 しかし、われわれが四六時中吸い、これなくしてはいっときも生きていけないこの大気を、きれいにすることなくしては、健康を守り環境をどうのといっても意味のないことである。

 空白を克服し、脱落していった人たちに運動の趣旨をよく納得していただいて、ふたたび参加してもらい、より充実した運動へと質的にも量的にも発展してゆくことを期待している。

（「議会と自治体」1979年8月号）

（編注）

 大気汚染測定運動が始まった初期の頃の執筆である。交通量と二酸化窒素濃度、粉じんや土壌中の重金属含有量はよく対応していた。

 年2回のいっせい測定運動はその後大きくひろがり、現在もつづいている。青山通り沿いの会社の窓側に当時設置した大気中窒素酸化物測定装置は今も空気の汚れを測定、記録している。

 東京と隣接3県は2003年10月からディーゼル車の排ガス規制を行い、2004年度の二酸化窒素（NO_2）、浮遊粒子状物質（SPM）ともに改善したと発表した。しかし、自動車排ガス測定局では、NO_2が環境基準（1日平均値が0.04ppmから0.06ppmまで、またはそれ以下。1978年7月環境庁告示、それ以前は0.02ppmであった）を達成したのは47％のみである。

 2006年3月、総務省はNO_2の環境基準が三大都市圏の31地点で2004年度までに10年以上達成されていないと公表した。大気汚染物質として注目されてきている多様な化学物質や東京のヒートアイランド化、さらに地球環境の温暖化など、課題は山積している。

4章 ガラス今昔

暮らしのなかのガラス

ガラスの魅力・すぐれた素材

　色ガラスには鉛やコバルト、銅、アンチモンなどの化合物を溶かしこむなど、ガラスは金属と関係が深い。著者はガラスの専門家ではないが、魅力あるガラス工芸品を愛好し、日本の古いガラスやガラスの製法に興味を抱いて、詳しく調べた。

　本章に収めたのは、ガラスの歴史、つくり方、暮らしのなかのガラス製品について、わかりやすくつづり、1974年に新聞に連載されたものである。

　近年、ガラス産業はすばらしい発展を遂げた。窓ガラスや建材、光ファイバーなどの情報通信、医療等の分野をはじめ、日常生活に欠かせないものとして加わった携帯電話、デジカメ、液晶パネル、プラズマディスプレーなどにも使われてガラスは活躍している。さらに冷暖房節約の「エコガラス」や微細な情報を書き込むナノテクガラスなど、高機能ガラスの開発と実用化が進んでいる。

　テレビ放送開始以来使われてきたブラウン管テレビは、2005年度の国内向けの出荷台数がはじめて液晶、プラズマテレビに抜かれたという。2006年7月から実施のEUのローズ規制ではブラウン管ガラスの鉛は例外としているが、つづくリーチ規制案もある。2011年のアナログ放送打ち切りとも関連してブラウン管テレビの行方が注目される。

暮らしのなかのガラス

1. 日本にきたのは…

　窓ガラス、鏡、けい光灯、テレビ、ガラスびん、コップ、メガネ…数えきれないほどのガラス製品が、私たちのまわりにあります。もし、ガラスがなかったら、どんな生活になるでしょうか。ちょっと想像もできませんね。
　このシリーズでは、こうした暮らしのなかのガラスの話をすることにしましょう。

最古の処方せん

　日本では、奈良の正倉院に、さまざまな武器、楽器、文具、衣服、調度などにまじって、たくさんのガラス製品が収納されています。
　黄色や緑色の魚の形をした腰のさげ飾り、小さな物さし、色とりどりのガラス玉、紺瑠璃坏（こんるりのつき）と呼ばれる紺色の美しいガラスコップ（写真）、白瑠璃碗（はくるりわん）と呼ばれる透明な切子ガラス（カットガラス）の小さな鉢（はち）など数千点にのぼります。

正倉院紺瑠璃坏（こんるりのつき）
銀製の脚は中国製ですが、ガラスは中国製かどうかは不明です。

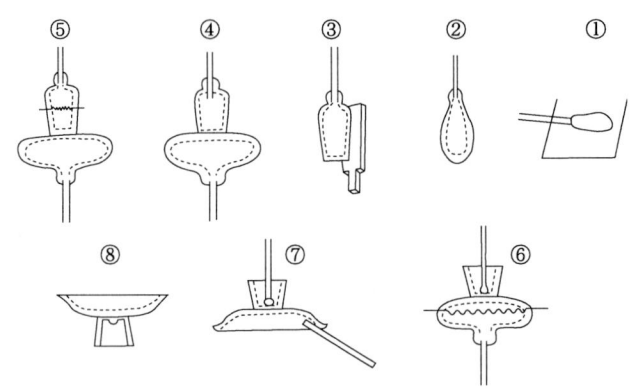

白瑠璃高坏（はくるりたかつき）の製作工程図

　私たちの祖先たちは、飛鳥、奈良時代には、ガラスをかなり使っていたことをしめしています。

　鉛ガラスの玉のつくり方を書きしるした処方せんも残っています。天平6年（734年）5月1日の日付けがあり世界最古のものといわれます。

　これらのガラス製品が、どこまでが日本でつくられ、どこまでが中国などからの輸入なのかは、よくわかりません。なかには、白瑠璃碗のように遠くイランから渡ってきたとみられるものもあります。

　いずれにしろ、当時の人たちがおどろくほど高度の技術を身につけていたことはたしかです。

宙吹き、型吹き

　正倉院にあるガラス容器類は、いずれも吹きガラスという方法で作られています。吹きガラスには、宙吹きと型吹きとがあり、白瑠璃高坏についての作り方を示すと図のようになります。

　①はじめ吹きざおの先に少量のガラスを巻きとり②これをかまで熱して軟らかくしながら吹いて球状にし③コテを使って形をととのえ高台（こうだい）となる形にします④同じような方法ではちの方を作り、二つあわせます⑤高台をある高さで切りとり台を仕上げる⑥高台の内底に鉄棒（ポンテ）をつけ、はちの方も同じように切ります。⑦この切りとったはちの口の部分は冷えているの

で、これをかまで熱して軟らかくし、木の棒でふちを広げます⑧これで仕上がりです。

　型吹きというのは、ガラスを鉄や石で作った型のなかに吹きこむ方法で、緑瑠璃十二曲長坏(みどりるりじゅうにきょくながつき)はこの手法で作られています。この器は、型吹きで形をつくったあと、研磨材でみがいて模様を入れたものです。

　5、6世紀の古墳からも、数多くのガラス製品が発掘されていますが、これらはいずれも、イランや中国、朝鮮あたりから運ばれてきたものと思われ、古代における東西文化の交流を示す遺物が残っています。

戦国の武将が珍重
　正倉院や各地の古墳で数多く見られたガラス製品も、ふしぎなことに平安時代以後は、なぜか少なくなり、遺品もきわめてわずかしか残っていません。
　日本のガラス工芸が、新しい夜明けを迎えるのは「ビードロ」とか「ギヤマン」と呼ばれるヨーロッパからのガラスが渡来してくる16世紀半ば以降のことです。
　1551年(天文20年)、ポルトガルの宣教師フランシスコ・ザビエルが、中国地方に君臨していた大内義隆にガラスの鏡や遠メガネ(望遠鏡)などを贈ったのがヨーロッパ・ガラスの日本上陸の最初といいます。つづいて織田信長、豊臣秀吉、徳川家康などの戦国の武将たちもヨーロッパのガラス製品を非常に珍重したことが記録にも残っています。

2. 「ビードロ」「ギヤマン」

逃亡した工人が
　16世紀のなかごろ、ポルトガルの宣教師たちが、ヨーロッパのガラスを日本にもたらし、これをきっかけに日本の新しいガラスの時代がはじまりますが、そのころヨーロッパでは、イタリアのベネチアを中心にガラス工業が盛況

をきわめていたときでした。

　15世紀に東ローマ帝国が滅亡すると、ここに栄えた文化は、ベネチアに受け継がれ、ガラス製造の技術者もベネチアに渡り、ここで、ガラス工業は、独自の発展をとげることになります。

　ベネチアでは、ガラス製造を国の重要な産業として保護育成しました。

　とくに、技術が外国にもれることを恐れて、技術者を特別に優遇すると同時に、ムラノという小島へ工場と工人を全部うつして厳重に監視したと伝えられます。島外へ逃亡を企てた工人は、きびしく処罰され、その家族まで罪を受けたといいます。

　それでも、何人かの人たちが、逃亡に成功し、これらの人がフランスやドイツなどの国ぐにに移り住み、それぞれの国でガラスづくりは独自の発展をとげていきます。チェコのボヘミアのカット・ガラスを中心としたガラス工業もこのようにして始まったといわれます。

　日本の近代ガラスは、キリシタン文化とともにわが国に渡ってきたといえますが、日本からも海外へ使節が送られ、この人たちもガラス器をいろいろ持ち帰ったようです。

蕪村の俳句にも

　「ガラス」という呼び方は、江戸時代の科学者、平賀源内の著書のなかに「ガラアスは硝子」とでているところから、オランダ語の「GLAS」がなまったことばといわれています。

　ガラスは、江戸時代には、「ビードロ」とか「ギヤマン」とか呼ばれていました。

　また、「硝子」は、中国でつくられたことばで、ガラスの原料に硝石を使うところからできた名前とみられています。江戸時代の文学作品のなかにも「硝子」ということばがでてきますが、これは「ビードロ」と読みます。たとえば、蕪村の俳句に「硝子の魚驚きぬ今朝の秋」とありますが、ビードロと読まないと句になりませんね。

　「ビードロ」と発音されていた「硝子」が、「ガラス」と発音されるように

江戸時代のビードロ吹き

なったのは明治に入ってからです。1876年（明治9年）、明治政府は東京の品川に品川硝子製造所を作りますが、このときからと伝えられます。

浮世絵にも登場

　「ビードロ」とか「ギヤマン」と呼ばれていたガラスは、江戸時代のなかごろから、ようやく一般民衆の使えるものとなり、浮世絵などにも登場してきます。それまでは、日用品としてよりはむしろ珍奇なものとして、また装飾品として権力の象徴だったのです。

　江戸時代のいつごろ、どこでガラス製造がはじまったかは、いろいろな説がありますが、17世紀のなかごろ、寛永、寛文とか延宝の時代に長崎ではじまったのではないかと考えられています。1834年には、江戸で加賀屋久兵衛によって、寒暖計や化学実験用のガラス器具が作られています。また、薩摩では、島津斉興（1791〜1859）が城内に工場をつくり、ガラス製造をはじめたのが、薩摩ガラスのおこりで、色ガラスやカットガラスが作られています。

　しかし、明治時代に入るとともに、ガラス製造の技術は新たにヨーロッパから入れなおすことになります。

3. メガネ今昔

「四つ目の化け物」

　外国で、メガネをかけて、カメラを持っている人に会ったら、日本人といわれます。たしかに日本にはメガネをかけた人が多いようです。

　メガネがなかった昔は、どうしたのだろうと心配になります。近眼はともかくとして、年をとればいやおうなしに老眼になることは、年齢に多少のちがいはあっても、のがれられないところです。メガネのない時代は、さぞかし不自由だったことでしょう。

　メガネを最初に考えだしたのは、11世紀のころアラビアの学者だといわれますが、13世紀にイタリアで使われたという記録が残っているそうです。マルコ・ポーロの旅行記（13世紀末）には、中国の「眼鏡」についての記載がありますが、当時の中国のメガネは水晶を眼鏡形に細工したもので、実用というよりはむしろ装飾品だったのでしょう。

　わが国に、メガネをはじめてもたらしたのは、ポルトガルの宣教師フランシスコ・ザビエルだったようで、1551年のことといわれています。

　1571年（元亀2年）、ポルトガルの宣教師フランシスコ・カプラルは、織田信長と会うために岐阜城を訪れました。このときカプラルは近眼だったのでメガネをかけていました。これを見た群衆は、「四つ目の化け物がきた」と大騒ぎをし、これを伝え聞いた人たちが、ひと目「四つ目の化け物」を見ようとカプラルの宿舎におしかけたため、黒山の人だかりになったといわれます。メガネをかけた人が、よほど珍しかったのでしょう。

　目の悪かった徳川家康は、外国渡来のメガネを大事に使っていたといわれ、それが現存する最古のメガネとして静岡県の久能山の東照宮に残っています。

1万個の需要が

　わが国で、メガネが初めて作られたのは、17世紀に入ってからで、元和年間（1615〜23年）将軍秀忠のときに長崎の浜田弥兵衛という人が、ジャワに渡って製法を学び、帰国後、長崎の生島藤七という人にその方法を教え、藤七

はさっそくガラスや水晶でメガネをつくったと伝えられています。

しかし、メガネに使うほどの良質の無色透明のガラスを作ることはたいへんむずかしかったので、素材を輸入してみがいて作ったと思われます。

ガラスを作る原料になる珪砂（けいしゃ＝石英の細かい砂状のもの）などに、わずかでも鉄分がふくまれているとちょうど、酒びんのように青っぽい色がつきます。18世紀の終わりころには、ガラスも国産化されるようになりましたが、青っぽいガラスだったので、これで作ったメガネは、期せずして紫外線よけのサングラスの効果があったようです。

品質はともかく、18世紀のはじめの正徳年間（1711〜15年）だけでも、約1万個のメガネ類が輸入されたといいますから、いかにメガネの需要が多かったかがわかろうというものです。

レンズは高級品

メガネが本格的にわが国で作られるようになったのは、明治になってからのことです。

浮世絵に現れたメガネ

しかし、1958年（昭和33年）ころまでは、上等な眼鏡レンズといえば、ほとんどが外国品で、なかでもドイツのシュピーゲル社のものが有名でした。日本の光学ガラスメーカーが、積極的に眼鏡レンズのガラスを溶かし、素材を作るようになってから、まだほんの30年しかたっていないのです。

眼鏡用のレンズは、①光学ガラスに匹敵するほど均質性がいいこと②あわがないこと③風化作用に強いこと④所定の屈折率をもっていること、などが必要な条件で、ただのガラス玉のように見えますが、なかなか高級なしろものなのです。

1965年（昭和40年）ころからは、写真のレンズのように反射防止のコーティングを施したもの、1967年（42年）ころからは焦点距離が連続的に変わっているもの、そして1969年（44年）ころからは、日の光りの強いところに出ると着色して紫外線よけになるものなど急速な進歩をとげています。

4. 江戸期の板硝子

輸入が許可されて

　天草の乱以後、徳川幕府の鎖国政策はますますきびしくなり、わが国は、西欧の文学、工芸、学術などからいっそう隔絶されることになりますが、八代将軍吉宗のとき、キリスト教以外の書物にたいしては、禁令をゆるめ、漢訳されたオランダの書物の輸入が許可されるようになります。

　これにともない、オランダの本による研究がおこなわれるようになり、医術、砲術、工芸がさかんになります。一方、このころ、鍋島藩、島津藩など九州の諸藩では、細ぼそではありますが、洋式の機械工業や化学工業の、ごく初歩的なことがおこなわれるようになります。

　これら洋式の工業のなかでも、幕末の1850年（嘉永3年）に、鹿児島に設立されたものは、薬品、砂糖、陶器のうわ薬の製造、金銀の分析などをおこない、1852年には、新たに陶器や硝子の製造もオランダ式でおこなわれるようになります。

　硝子がとくに要求されたのは、製薬事業をすすめるにあたって、薬を入れるびん類を必要としたからだと伝えられます。

薩摩ガラスの製造

　島津藩では、江戸の住人で硝子製造に熟練した四本亀次郎という人をまねいて、硝子を溶かすかまどを作り、種々研究の結果、銅や金を使って、赤いガラスを作ることにも成功したことが記録に残っているそうです。

　これが、薩摩硝子のおこりといわれますが、その後、たいへん栄え、薩摩硝子として大いに珍重されました。島津家では、自慢の品を将軍はじめ諸藩にも贈りました。

　この硝子製造所の設備は、規模も大きく硝子製造の理想に近いものだったようです。

　たとえば、銅を使った赤ガラス用（赤ランプなどに使う）の窯が2基、金を使った赤ガラス用（食器などに使う）の窯が2基、水晶ガラス（無色のガラス

のこと）1基、板ガラス窯1基、鉛ガラス用窯大小数基といった規模で、百余名のちょんまげを結った職人たちが、びんを作ったり、いろいろ細工物をしたりしていたわけで、さぞかしみものだったことでしょう。

当時の硝子職人の給料は、ひじょうに高く、一人月三両といった記録があります。米の値段で換算すると、月二十数万円になります。

薩摩切子の船形鉢。なかなかしっかりしたものといわれます。

ところが、もっとおどろいたことには、板硝子の値段が、一尺四角のもので、職人一カ月の給料よりさらに高かったといわれます。

板硝子が、いかに貴重なものであったかわかろうというものです。

ぜいたく品の代表

四代将軍家綱のとき（1651〜1680年）、長崎の伊藤小左衛門という、当時日本で一、二といわれた大金持ちの商人が、ビードロで、大きな箱をつくって、金魚を浮かべて天井につるしたという話が伝わり、たいへんぜいたくなことをしていると大評判になりました。これが、幕府のとがめるところとなって、小左衛門は密貿易という罪名で捕えられ、1667年（寛文7年）、処刑されたと伝えられています。

元禄年間（1688〜1703年）には、伊達綱宗が、品川の屋敷に、四角の板硝子を一枚障子にはめこんだのが、ビードロ障子と呼ばれ、ぜいたくなことをすると騒がれたといわれます。また、ふろ場の明りとりに入れた一枚の硝子がもとで、ギヤマンぶろとはやしたてられ、すえは一家こぞって処罰されたという話もあります。

ことほどさように、板硝子は、当時ぜいたくな品として珍重されたわけですが、いまからはとても想像することができません。

5. 板ガラスのつくり方

本格的な製造は

　ヨーロッパでは、ローマ時代すでにガラスを舗道に使ったり、薄い板にしたガラスのタイルを壁にはめこんだりしています。窓ガラスとして使われたものは、分厚い、小さなかけらで、とても現在のような大きなものではありませんが、ポンペイの廃虚の浴場の窓に用いられたものが残っているそうです。

　12、3世紀になってから、ステンドグラスが発達し、あちこちの教会の窓にはめられ、美しい色のものができるようになりましたが、無色透明な板ガラスはまだなかったようです。

　板ガラスが本格的につくられるようになったのは、14、5世紀からのちのことです。

まずガラス玉吹き

　昔は板ガラスをどのようにつくったのでしょうか。

　14世紀のはじめ、フランスのガラス職人のコクレイという人が考え出した方法があります。下図のようにまず①ガラス玉を吹いて②その底を床につけてたいらにのし③その底の真ん中に鉄棒をとりつけてしんにします。そして、④ガラス吹きの管をガラス玉から切りはなし、きり口をひろげます。

　このおちょこになったかさを、炉に入れてあたため、ガラスがやわらかくなったところで、鉄の心棒をまわしますと、遠心力でガラスはひろがり、平ら

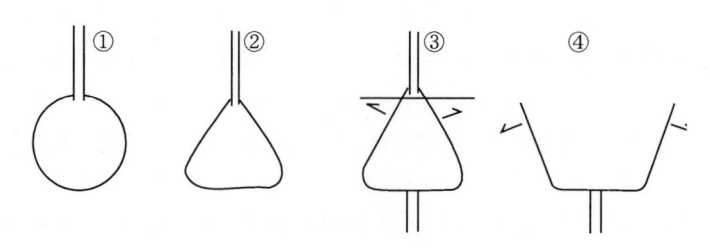

円板状の板ガラスのつくり方

になり、円盤状のガラス板ができます。

これを冷やして、適当な大きさのガラス板を切りとります。できた板ガラスは厚さが不ぞろいですし、でこぼこしていますが、それでも貴重な板ガラスであったわけです。

鉄の心棒のついていたところは、小山のように出っぱっていたので「雄牛の目」と呼ばれました。

円板ガラスのでき上がり

こうしてつくられた板ガラスは、円板の直径がせいぜい1メートルくらいですが、30センチ角の四角い板がやっととれる程度です。

つづいて出てきた板ガラスの製造法は、ガラスの円筒を吹いてつくって、これをたて割りにし、ついで熱してやわらかくしておいて、のし板でのして板にする方法です。

円筒の直径としては、50センチくらいまでできたそうです。前の方法とくらべれば、薄くて厚さの均一なものができます。

ずいぶん原始的なやり方のように思われますが、つい20世紀のはじめまで、こんなやり方でつくられていたといいます。

しかし、この方法では、現在のようなガラス張り建物の窓ガラスをつくるとしたら、地球上のすべての人が、ガラス職人になって吹きまくっても、一生かかるのではないでしょうか。

現在の製造法は

現在の薄板ガラスの製造法は、材料になるガラスを、大量に溶かした窯のなかからガラスを引き上げたり、流したりして、ローラーで平らにのばすというやり方です。そのやり方は、ベルギーで開発されたフルコール式、アメリカの

コルバーン式、ピッツバーグ式などがありますが、わが国ではフルコール式が広く採用されています。これは、右図のようにガラスを溶かした窯のなかにデビトースと呼ばれる中央に細長いすき間(スリット)をもった耐火れんが製の浮板を浮かべ、溶けたガラスをこのスリットのうえに盛り上がらせ、これを引き上げ、引き上げ室で冷やします。板の幅、厚さを一定に保つように、縦に多数ならべたローラーにはさんで塔のなかを高く垂直に引き上げます。

その間に、徐々に冷やされて、板ガラスとなりますから、これを塔の頂上で適当な大きさに切断します。引き上げ速度は、板幅2メートルのもので、1時間約80メートルくらいです。厚さ5〜8ミリくらいのものまで、この方法でつくられます。

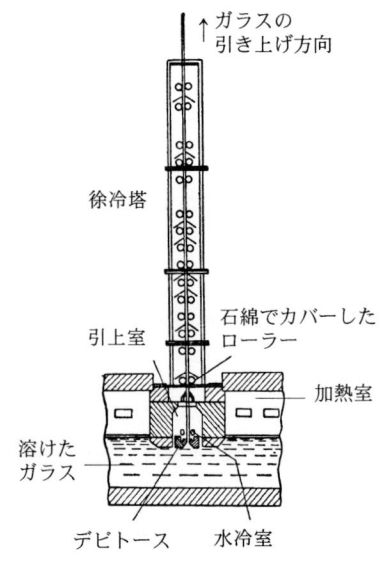

フルコール法のガラス引上げ

6. フロート法

みがき板は高価

　鏡とかショーウインドーに使う10ミリ以上の厚板ガラスは手打ちうどんをのばすように、ロールする方法がしばらくまえまではもっぱら使われていました。金網入りの厚板ガラスの場合には、いまでもこういう方法がおこなわれています。

　これは、溶けたガラスをタンクから鋼板のうえに流して、ロールで押しのばして所定の厚さのガラス板を作るので、できた板ガラスのことを鋳造板とよび

ます。このさい、ロールに模様をきざんで、プリントすれば、模様つきガラスができるわけです。

　また、ロールで板にするさいに、鉄網をガラス素地のなかにうめこめば、網入り板ガラスができるわけです。

　薄板にしろ厚板にしろ、ロールを使ってつくったガラスをとおして見ると、物がひずんで見えたり、鏡に写った顔がゆがんで見えたりします。

　そこで、この表面のでこぼこを珪砂（けいしゃ）や金剛砂でみがきますが、これがみがき板ガラスと呼ばれるもので、高価なものです。ショーウインドー1枚で何十万円から百万がつくといった具合で、板ガラスをつくる工程のなかでも、もっとも手間のかかる作業です。

イギリスで発明

　しかし、さいきんでは、イギリスのピルキントンを中心とした技術者が1959年に発明したガラスの性質をたくみに利用したフロート法という方法でつくるようになっています。アメリカはじめソ連、日本、フランス、ドイツなど世界各国の20以上の工場で、ピルキントンの特許を使って厚板ガラスがつくられています。

　新しいビルの玄関、ウインドーなどに、大きな厚い一枚ガラスをふんだんに使うことができるようになったのはフロート法（図参照）のお陰なのです。薄板もこの方法でつくれるようになっています。溶けたガラスを、溶けた金属のうえに浮かべると、金属と接している面は、液体の自由表面ですから非常になめらかになります。またガラスの上面に炎をあててやると、溶けてこれまた非

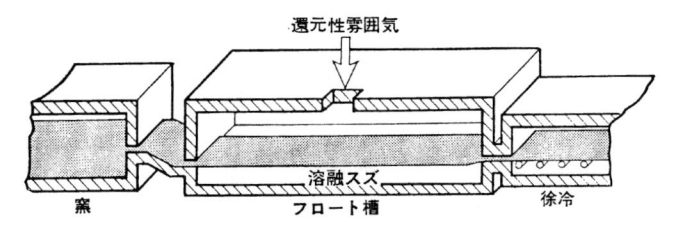

フロート法工程略図

常になめらかな面になります。このようなガラスを連続して引っぱってやると、ある厚みの、上下両面がたいへんなめらかで、しかも平行性のいい厚板ガラスができます。

40億円の投資

ガラス板を浮かばせるのに使う金属としては、スズがもっともすぐれています。炉のなかの溶けたスズが酸化すると、ガラス表面がきたなくなるので、水素や窒素の還元性ガスを吹きこみます。それでも、炉のなかに空気がもれこんできますから、きれいなガラス板をつくるためには、炉のしゃへいなど万全の注意が必要です。

このまったく画期的といっていいフロート法を実用化するために、イギリスのピルキントン・ブラザースという会社は、40億円にもおよぶ開発研究費を使い、10万トンにもおよぶガラスをむだにし、7年もの歳月を要したといわれます。

原理的には簡単なフロート法ですが、この発明を実用化するためにはなみなみならぬ投資を必要とするのです。今日のように、ガラスをふんだんに使った建築ができるようになったのは、まったくピルキントンのおかげなのです。

7. 強化ガラス

爆弾事件とビルのガラス

さきの三菱重工爆弾事件は、近代建築のなかでのガラスの役割の大きいことをあらためて思い知らせました。

前回にのべたように、イギリスのピルキントン社が、ばく大な費用と時間をつぎこんでフロート法の開発に成功していらい、まだ10数年しかたちませんが、フロート・ガラスの普及はめざましく、こんどの事件でも明らかになったように、ビルディングのガラスは、すべてこのフロート・ガラスといってもいいでしょう。

フロート法だからこそ、厚さが6ミリ、8ミリあるいは10ミリといった大きな一枚ガラスを経済的につくれるわけです。

ビルには、安全のために、網入りガラスや強化ガラスを使ったらといった意見がありますが、経済的にはむずかしく、別の方法を検討すべきでしょう。

網入りガラスは、ガラスがやわらかいときに、そのなかに金網を押しこみながらロールしていく方法でつくられます。ロール法ですから、表面はあまりなめらかにはできません。透明ガラスにする場合は、さらにみがく必要があり、値段の高いものになります。

ですから、網を入れると同時に、ロールに模様をつけておいて型をつける網入型板ガラスが、一般住宅用としては手ごろということになります。網入りガラスは、ある程度火災を防ぎ焼き切れしないので防火、防犯の役に立ちます。さいきんの耐火住宅には網入りガラスを使うことが義務づけられています。

飛び散らない安全ガラス

安全ガラスというのは、板ガラスがなにかの事故で割れても、飛び散らないように工夫したものです。板ガラス2枚の間にプラスチックの薄膜をはさんでサンドイッチにしたものです。

安全ガラスは、1903年、フランスの化学者のベネディクトスが実験の失敗がヒントになって発明したといわれます。1920年代になって、自動車がホロ型から箱型にかわってガラスによる事故が多くなるにつれ、急速に普及していきました。

普通のより10倍も強い強化ガラス

初期の安全ガラス製品には、セルロイドを使いましたが、変質して色が変わったりするので、さいきんでは、ビニール系のプラスチックが使われているようです。防音効果もあるので、この方面の用途が注目されています。

強化ガラスというのは、ガラスを軟化点（600度から700度）近くまで加熱しておいて、空気を吹きつけて急冷します。こうして表面を均一に急冷すると、外面がさきに固まり、内部があとから固まります。そうすると、外面に圧

縮力がかかり、内面に引っ張りの力がかかってつり合います。

　このようなガラスは、普通のガラスの数倍から10倍ぐらい強くなります。強化ガラスをつくるには、均一に急冷することが絶対条件です。もし一カ所でも不均一のところがあるとこわれてしまいます。

　また一カ所にちょっとでも傷がつくと、全体に細かくひびが入って、粉ごなに割れてしまいます。自動車のフロントガラスが事故で割れたところを見ると、小さいガラス粒がたくさん飛び散っていますが、あれが強化ガラスです。ガラスのかけらがまるみを帯びているのも強化ガラスの特徴です。

　急冷をする関係で、ガラスは厚いほどよく、肉厚5ミリ以上あることが必要で、あまり複雑な形のものはできません。1970年に、日本で開かれた万国博では、人造湖の湖底近くに、水中レストランがつくられましたが、その壁のガラスは、静水圧以外に、不測の事態にも耐えるように15ミリ厚さの強化ガラス3枚を合わせた45ミリ厚さのものと、12ミリ3枚の36ミリ厚さのものが使われました。そして、とくに湖に面した側は、二重に工事をして安全性を高めると同時に、曇りを防ぐためにその間に水を入れました。

　ガラス食器などには、さいきん違ったやり方の強化法が開発され、アメリカでは実用化されています。

8. 革袋からびんへ

革袋には致命的な欠点が

　透明でクールなガラス容器。形も、大きさも、色合いもさまざまなものがあります。とにかく、私たちのまわりには、たくさんのガラスの入れ物があります。

　さいきんでは、プラスチックの入れ物が、ガラスの領分を侵しています。ブリキかん、アルミかんも、ガラス容器の"強敵"になっています。

　ところで、昔は、入れ物には、革袋（かわぶくろ）が使われていました。「新しいぶどう酒は新しい革袋へ」というキリストのことばがあります。

アッシリアとか、ギリシャの時代、いまから2000年くらいまえまでは、もれない入れ物といえば、子ヤギの皮をまるごとはいでつくった革袋でした。ワインスキンといわれ、落としても割れないし、肩にかつげるというわけで、遊牧民たちは、とくに重宝がったようです。

しかし、「新しい革袋へ」というように、古くなると、このなかで酒が発酵して、袋が破れ、酒がもれてしまいます。また、携帯するには便利ですが、日常の容器として、並べておくわけにはいきません。それに、皮ですから、古くなると使いものにならなくなるという致命的な欠点をもっていました。

宣教師たちの貢物に

素焼きのつぼに、上薬をかけ、水もれを防ぐことを知ったことは、陶器の発達史上画期的といえますが、さらに透明で、水のもれない容器ガラスの出現は、人間の生活にとって革命的なことでした。エジプト時代の遺品として、ガラス製のつぼが伝えられています。これは、粘土でつくった型に、溶けた、やわらかいガラスのひもを巻きつけ、あとでひもとひもを溶かし合わせて、つぼとしたのではないかといわれています。

近代ガラス工業が発達するまで、ガラスの入れ物が非常な貴重品であったことは、西洋でも、わが国でも同じことでした。戦国時代にわが国を訪れた宣教師たちは、貢物としてガラス容器を使っています。

ルイ・フロイスは、将軍足利義昭には、とっ手の折れたガラス器一個と絹一反を、また織田信長には、金米糖を入れたガラス製フラスコ一個とろうそく数本を、それぞれ贈ったことが記録に残っています。

ガラスの器やびんが、入れ物としてつくられ、使われるようになるのは、日本では、江戸時代の末期、19世紀半ばからのことです。当時、薩摩や長崎でつくられた、すばらしいできばえの作品が残っています。しかし、たいへんな貴重品で、庶民には手がとどきませんでした。

ガラス容器が庶民のものとなるのは、明治の初年、工部省（いまの通産省）が設立した東京・品川の品川硝子製造所で、工業的にガラスびんがつくられるようになってからです。

シャボン玉を吹くようにして

　当時は、もちろん、吹きさおに、ガラスをまきつけて、ちょうどシャボン玉を吹くようにしてびんをつくりました（図参照）。うまく底を平らに仕上げることができなかったので、まっすぐに立つのは、100本のなかで20本くらいしかなかったと伝えられています。

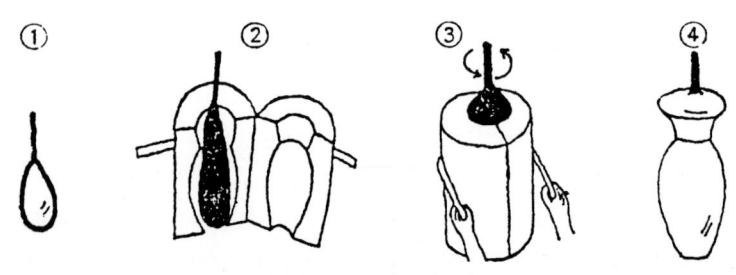

型吹きによるびんづくり

　いまはこんな話は笑い話ですみますが、当時としては技術上の大問題があったわけです。イギリス人技師を招いて、指導してもらったのですが、企業としては、この硝子製造所は成功とはいえず、明治17年に一部が民間に貸与され、ほどなく払い下げとなりました。

　そのご、大阪にも、東京にも、たくさんの工場ができたのですが、設備に欠点があったり、技術に未熟さがあったりして、成功しなかったようです。

　現代の日本では、ガラスびんは、自動機械によって一日に100万本以上の単位でつくられています。

9. 色つきビールびん

一日数万本作る製びん機

　現在のようにビールびんや酒びんを気楽に使うことができるのは、自動製びん機が開発されたおかげなのです。

　このごろは、手づくりの品が珍重されるようになりましたが、手づくりで

は、安く、大量につくるということは不可能なことです。現在の製びん機はびんの大きさにもよりますが、一時間に何千本も、一日に数万本のびんを作る能力をもっています。

明治の初期、わが国で始めて工業的にびんづくりを始めたころは、型吹きによる方法でしたが、底が平らにできなくて困ったものでした。底が平らで、容量が一定でなくては、びんの役をなしません。

びんを自動的につくる方法には、大別して二通りあります。

ひとつは、図1のような吸い上げ式です。溶けたガラスを型のなかに吸いこみ、これを別のびん型に入れ、上から圧搾空気を吹きこんでガラスをふくらます方法です。

もうひとつは、図2のような注入式です。これは、一定量の溶けたガラスを型に入れ、下側にびんの口型をつくります。それから転倒させて、仕上げびん型に入れて成形します。

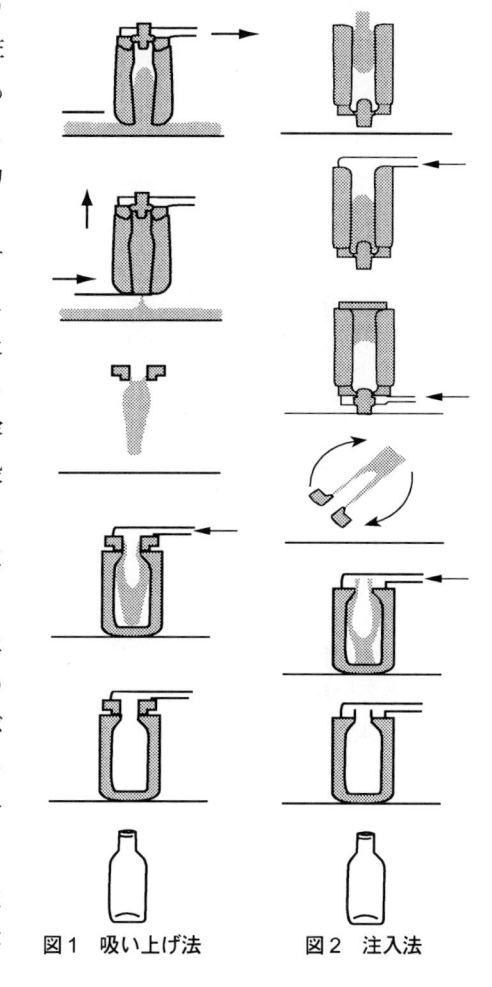

図1　吸い上げ法　　図2　注入法

このように、ガラスを大量に溶かしたタンク窯から一定量のガラスが吸い上げられたり、注入されたりして、ビールびん、酒びんなどがつくられていくのです。

不純物をごまかすために

　ビールのびんは、昭和の初めころは無色透明と称して、きれいなびんが使われたこともあったようですが、いまでは、ビールびんといえば洋の東西を問わず、あの黒かっ色のびんと相場がきまっているようです。

　なぜ、あんな黒かっ色の色をつけるようになったのか、あまり深い意味はなかったようです。

　ビールびんのような単なる容器に上等な原料は使う必要もないので、不純物のまざったものを使いました。ところが、不純物の鉄の含有量が多くなると、青っぽい色がつくので、これをごまかすためにマンガンを加えて黒かっ色にしたといわれています。結果として黒かっ色にしたために、可視光線や紫外線を通さなくなるので、中身の変質を防ぐといった効果もあるようです。

　それでも、さいきんのびんは、昔ほど黒っぽくありません。というのは、ここ数年、ガラス製造技術が進歩し、不純物としての鉄も少なくなり、青っぽいガラスは少なくなりました。それで現在では、別の方法で色をつけています。カーボン・アンバー・ガラスといわれ、硫化物によって着色する方法です。鉄、イオウ、ナトリウムなどのガラス調合原料に、適当な還元剤（デンプンがよく使われます）を加えて溶かすと、ガラスのなかに、鉄やナトリウムなどの硫化物のコロイドができて、光を吸収して濃いアンバー色（茶かっ色）ができるのです。

フッ素を使う乳白色のびん

　また、化粧品びんには、以前は乳白色のものがよく使われましたが、これは、乳白色のイメージが、化粧品を象徴していたからでしょう。しかし、さいきんは、乳白色のものは追放されつつあります。というのは、乳白色のびんは、普通フッ素の化合物を入れて、微細なフッ化物の結晶をガラスのなかにつくりだして、乳白色にするからです。フッ素の化合物を使うとどうしても環境を汚染する危険が大きいのです。公害を考えればあえて乳白色のびんをつくる必要はないということでしょう。

　ガラスはさびないし、腐食もありません。割れないかぎり何度でも繰り返し

10. けい光灯

電圧低下がなくなって

　ここ20年の間、急速に普及したガラス製品のひとつにけい光灯があります。けい光灯が白熱電球にとってかわるようになったのは、1952、3年ころからのことです。

　けい光灯は、電圧が規定より数パーセント以上さがると点灯しなくなりますが、そのころから、日本の電力事情がよくなり、電圧低下がなくなったことが、けい光灯普及のひとつの背景になっています。

　いまひとつ、精密な寸法のガラス管を自動的にひく技術が確立したことも大きな要素です。

　3メートル近くの長いけい光灯が、直径でプラス・マイナス0.5ミリ以下、ガラス管のたわみが2〜3ミリ以下(中心線で)に仕上げられているのですから、金属管並み、あるいはそれ以上の精度です。驚異的な精度ともいえます。

一本の管を三人がかりで

　昔はガラス管も、コップやびんと同じように、もっぱら人手でひいていました。(図参照)。人の丈くらいの長さの細い鉄パイプ(吹きさお)のさきに、溶けたガラスを少し巻き取り、パイプに息を吹きこみながら中空の小さなガラス球の形をつくります。冷えて少しかたくなったら、またガラスを巻きつけて吹きます。これを何回かくり返して、中空の分厚いガラス球をつくります。これを熱してふり下げ、やや細長い卵形にします。

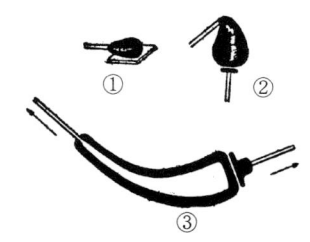

手びきによるガラス管のつくり方

この卵形の底に、別のパイプ（さきに丸餅を平らにしたようなガラスがついている）をくっつけて、卵形の方のパイプに息を吹きこみながら、両方からパイプを水平方向にひっぱります。そうすると、一本の長いガラス管ができあがります。

両方からひっぱる人と、もう一人、うちわを片手に、管の直径をはかり、ひきかげんを指示する人がいるわけで、昔は一本の管を三人がかりでひいたのです。一回で、50～60メートルの長さの管をひきますが、一様の太さで、たわみのない管をつくるのは熟練者でもむずかしいことでした。

けい光灯がではじめたころは、この手びきでしたが、そのご、自動的につくられるようになりました。

60年前から自動法に

現在、もっとも使われているのは、1917年に、ドイツで発明されたダンナー法です（下図参照）。

窯から溶けたガラスが、回転している円すい形の管（マンドレル）の上に流れ落ちながら、巻きとられます。円すい形の管は、斜め下向きに回っており、管のなかには圧搾空気が吹きこまれているため、巻きとられたガラスは自然に管状になります。これを適当なはやさでひいていけば、必要に応じた肉厚、直径のガラス管ができます。

けい光灯に使われるガラス管や薬液用アンプル管などはこの方法でつくられます。これだと、直径32ミリ、長さ1メートル20センチの40ワット用の管なら、一日で八万本以上もつくれます。

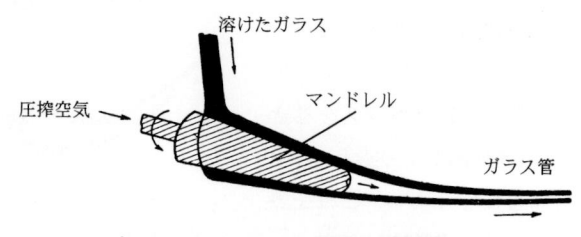

ダンナー法によるガラス管の連続製法

自動的に精度の高い製品を大量につくれるようになるには、ガラスの組成、均一さ、温度、粘度、空気の吹きこみ、ひっぱるはやさなどをコントロールする必要があり、この方法の発明は60年前ですが、そのご、改良に改良が加えられているのです。

11. ガラス繊維（その1）

出発は代用品だったが…

　不燃カーテン、つりざお、テニス・ラケット、棒高とびのポール、スキー、ヘルメット、プラスチックの貯水タンク、ボート…ガラス繊維を素材にした製品は、身のまわりにはたくさんあります。しかし、これらの製品がガラスでできていると気づいている人は少ないことでしょう。

　第一次世界大戦のとき、ドイツが断熱材の石綿不足に困り、その代用品としてガラスの繊維を使ったのが工業化のはじまりといわれます。

　代用品として出発したガラスの糸ですが、現在はそのすぐれた特徴が認められて多方面に使われています。布地に織っても使われますが、その大部分は、プラスチックとまぜて、ヘルメットとか、テレビ配線の基板などに使われています。綿のようにして冷暖房の断熱材にも大量に使われています。

ずばぬけて強いガラス糸

　ガラスの糸の最大の特徴は、その強さにあります。

　10ミクロンの絹糸の場合、断面積1平方ミリ当たり40〜60キログラムかからないと切れません。これが、同じ太さのガラスの糸の場合、100キログラムくらいまでは切れません。これだけでもガラスの糸の強さがわかりますが、これだけがガラス糸の特徴ではないのです。

　ガラスの糸は、細くなればなるほどいちだんと強くなります。20ミクロンの太さの糸の場合、断面積1平方ミリメートル当たり70キログラムかけないと切れませんが、その10分の1、2ミクロンの太さの場合は、なんと10倍の

700キログラムをかけなければ切れません。

　このガラスの糸をたばねて織物にして、プラスチックでかためる（ガラス繊維補強プラスチック）と、ガラスの糸とプラスチックの両方の長所を備えたひじょうに丈夫な製品ができあがります。このような材料を複合材料と呼びますが、ボートをはじめ航空機、自動車や船舶のボデー、簡易水洗のタンク用などに使われているわけです。

　ガラスの糸の太さが細くなると、格段に強くなることはたしかですが、普通のガラスだと、糸にひいた直後は強いものの、しばらくすると弱くなってしまいます。これは、ガラスの表面に細かいひび割れができたり、空気中の湿気などで表面がおかされたりするためです。

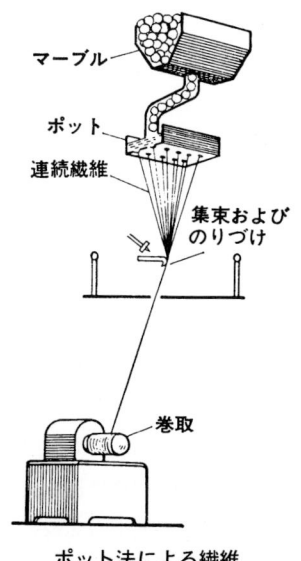

　現在では、アルカリ分の少ないガラスから糸を引くことができるようになって、こうした弱点も克服され、ガラス繊維の特徴がそこなわれることはありません。

ポット法による繊維ガラスのつくり方
（マーブル／ポット／連続繊維／集束およびのりづけ／巻取）

ガラスの糸の引き方は

　ガラスの糸の引き方にはいろいろありますが、断熱材に使われる綿状のものは、溶けたガラスを圧搾空気で吹きとばしてつくります。糸の方は、ひとまず素材のガラスをビー玉のようなマーブルといわれるボールやあめ棒のようなものにして、これを白金のるつぼで溶かし、小さい穴のあいたノズルから吹き出さして、糸にし、この糸をたばねるといったことをします。（図参照）

　ガラスのかたまり450グラム（手にのるくらいの大きさ）から太さ52ミクロンの糸をひくと約8500キロメートルの長さになります。東京－下関間の8倍にあたります。

　織物に使われる糸は、数ミクロンですが、太いのも細いのも合わせて、毎月

2千トンから3千トンのガラス繊維がつくられていますから、これを一本の糸につないだらどこまでいけるでしょうか。

12. 水が土に変わる？

コップやびんの並ガラスが

「ガラスが水に溶ける」といったら、そんなばかなことが、…と思われるかもしれません。ガラスの組成によって多い少ないはありますが、ガラスは水に溶けるのです。なかでも、コップやびんに使われる並みガラスはよく溶けます。

これは戦前の話ですが、ある製薬会社で、薬品をガラス・アンプルに入れて保存していたところ、半年もたたないうちに、無色だったものが、かっ色に変わってしまいました。これが、注射に使われ、中毒症状を起こすという事故がありました。

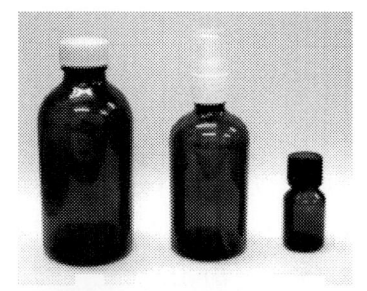

医療理化学用ガラスはホウケイ酸ガラスが使われています

これは、薬品にガラスが溶けていたのです。より正確にいえば、ガラスの組成分であるナトリウム、カリウムなどのアルカリ分が溶けだしたのです。

この薬品は、色の変わり方がひどかったので、それ以上の災害は防ぐことができましたが、色の変わらないものでは危険このうえもない話です。

魔法びんもホウケイ酸ガラスで

そこで、ガラスのアルカリ分を少なくして、ホウ酸を加えたホウケイ酸ガラスがつくられました。注射用アンプル、薬液保存用びん、試験管、ビーカーなどは、これでつくられています。

魔法びんもホウケイ酸ガラスが使われています。魔法びんを長い間使っていると、湯のなかにきらきら光るものが見えることがあります。これをフレーク

スといい、びんのガラスが、水のなかに溶けこんでいる無機物と反応してできるといわれていますが、毒ではありません。

　ところで、昔、すべての物質は、火、空気、水、土によって成りたっているとする見方がありました。1666年、イギリスの化学者ロバート・ボイルは、ガラスの器に水を入れて蒸留したら、白い粉ができることに気づきました。さらに水を加えて蒸留する…これを200回もくり返したら、白い粉が増したので、ボイルは水が白い土にかわったと考えました。

　さきの四元素のうち水が土に変わる―当時は一大発見と大騒ぎになったと伝えられています。その後、何人かの学者が同じ実験をして、同様の結果が得られたため、ボイルの結論はまちがいないということになりました。

打破された錬金術時代の化学

　それから約100年たった1770年、フランスの化学者ラボアジェは、その白い粉は、ガラスが水に溶けてできるものであることを確かめました。こうして、水が土に変わるといった錬金術時代の古い化学は完全に打破されることになりました。

　窓ガラスも大気中の水分と炭酸ガスや亜硫酸ガスなどによって、じょじょに表面が侵食されます。さいきんのガラスは、アルミナ（アルミニウムの酸化物）をふやして、風化作用に強いものになっていますが、昔は、窓ガラスふきできれいにならないで苦労したのも、この侵食によるものでした。

13. 落としても割れない

　航空機の骨組などに使われているジュラルミンとか、超ジュラルミンは、アルミニウム合金の"代表"といえるでしょう。軟鋼に匹敵する強度をもち、加工性もすぐれています。

　このような強い材料ができるのは、析出という現象をたくみに利用しているからです。

アルミニウムに銅を数パーセント入れると、アルミニウムが溶ける温度近く(500度)では、銅の原子が、ちょうど水に塩や砂糖が溶けているように、アルミニウムのなかに溶けこんでいます。

結晶化ガラスは超耐熱性があり、調理器具などに使われています。落としても容易には割れません。

ところで、塩水や砂糖水を冷やすと、溶けこんでいた塩や砂糖が分離されて白くでてきます。このような現象を析出といいます。

銅が溶けこんでいるアルミニウムを水のなかに入れて冷やしてやると、しばらくすると、同じように銅が析出されます。この析出にともなって、アルミニウム合金は、ひじょうにかたく、強くなるのです。ジュラルミンの発明者、ドイツのウイルムが偶然のことからみつけたといいます。

ガラスの場合にも似たような現象がみられます。ガラスの素材のなかに酸化チタンとか、酸化ジルコニウムを加え、高温で溶かして、なべや紅茶ポットなどの型に入れます。ここまでは透明で、普通のガラスと変わりありません。これを、アルミ合金の場合とは逆に、ふたたび、高温に熱してやると、ガラスのなかから、酸化チタンや酸化ジルコニウムを核として細かい結晶ができて白くなり、磁器のようになります。これを結晶化ガラスといいます。

このような結晶化ガラスは、素材を適当に選ぶと、温度が変わってもほとんど伸びちぢみしないものができます。ガラスといえば、もろく、急に熱すると割れてしまうものと思いがちですが、この結晶化ガラスは、急熱、急冷に耐えられます。また、落としても容易には割れず、機械的な衝撃にも強く、電気抵抗も大きいといった特徴をもっています。

結晶化ガラスは、調理用なべはもちろん、ボールベアリング、電気絶縁材料、ミサイル弾頭などに使われています。

製造方法を適当に変えると、白くならない透明のものもできます。こうしたものは、石油ストーブの窓とか、しゃ熱板などに使われています。

結晶化ガラスを発明したのは、アメリカの特殊ガラスのメーカー、コーニング社のストーキーという人ですが、結晶化ガラスには、ここで説明したように、熱によって析出する方法以外に、紫外線によって析出する方法などいろいろあります。これらの技術は、ガラスの利用をいちだんと広げたものとして、画期的な業績といえるでしょう。

14. 色をつけるには…

析出現象を利用して

　白磁色の焼物のように見えるシチューなべや紅茶ポットが、じつは、結晶化ガラスというガラスの一種でできており、この結晶化ガラスは析出といわれる現象を利用してつくられることは前回に書きました。同じような方法で、ガラスに美しい色をつけたり、写真を焼きつけたりできます。

　紫外線よけのめがねで、野外に出て太陽光線にあたると暗くなり、室内では色が消えて明るくなるものが売られています。フォトクロミックガラスといわれるものですが、これも析出現象を利用したものです。

　無色透明なガラスも美しいものですが、赤、青、うす緑といったクールな色合いもガラスならではのものです。

　ガラスに色をつける方法は大きくわけて二通りあります。

　ひとつは、金属のイオンの色を使うものです。水に硫酸銅を溶かすと青緑色になりますが、同じようにガラスのなかに、銅とか鉄、クロム、コバルトなど

基礎ガラスの違いによる着色の違い

着色イオン	ソーダ石灰ガラス	カリ石灰ガラス	カリ鉛ガラス
2価の銅	緑黄	青	緑
2価の鉄	青緑	緑青	黄緑
3価の鉄	緑黄	黄緑	黄緑
3価のマンガン	赤紫	紫紅	赤紫
6価のクロム	緑	黄緑	赤緑

の化合物を溶かしこむと、イオンのちがいによっていろいろな美しい色ができます。たとえば三価のクロムイオンは緑色に、六価のクロムイオンは黄色になります。同じ金属でも、原子価のちがいで色がちがいます。ガラスを溶かすときのふん囲気が酸化性であるか還元性であるかによっても色がちがってきます。また、同じ銅イオンでも、ソーダ石灰ガラスでは緑黄色、カリ石灰ガラスでは青色…といったように、ガラスの種類によっても色がちがってきます。

スモッグもコロイドのひとつ

　もうひとつの方法は、金属や化合物のコロイドによる着色です。コロイドというのは、ごく細かい微粒子が液体や気体、固体のなかに分散したものです。スモッグもそのひとつですし、墨汁なども、炭素の細かい粒がにかわの作用で水のなかに細かく分散したものです。

　ガラスに色をつける場合、金属コロイドによるものとしては、金、銀、銅などが使われます。これらの金属イオンを少量加えてガラスを溶かして冷やすと、急に冷やした場合は無色ですが、これをふたたび加熱してやると、これらの貴金属イオンが還元され、凝集してコロイドとなります。金の場合は、ルビー色の美しい赤、銀は黄色、銅は黒ずんだ赤になります。幕末のころ、鹿児島のガラス製造所で、航海用の標識に使う赤ランプのガラスがつくられていますが、これは銅による着色を利用したものでした。

　再加熱するまえに、紫外線をあててやると、金属コロイドの析出が促進され、紫外線を照射しない場合よりも低い温度で、しかも短時間で発色がおこるようになります。

光学用フィルターに欠かせぬ

　自動車や自転車のテールランプに使う赤ガラスは、硫化カドミウムとセレン化カドミウムの化合物がガラスのなかにコロイド状に分散したものです。硫化カドミウムだけを使った場合は黄色ですが、これにセレン化カドミウムが加わるにしたがってだいだい色から赤、深赤色にと変わります。

　硫化カドミウムを使った黄色は、光学用のフィルターとして欠くことのでき

ないものです。

　前にも書きましたビールびんのアンバー色の着色も硫化物のコロイドによるものです。

15. 鏡今昔

発祥の地ベニス

　ガラスの鏡がつくられるようになったのは、13世紀ころのこと、イタリアの商業都市ベニスが発祥の地とされています。

　17世紀にはいると、フランスでは、大規模な工場がつくられ、本格的なガラス鏡がつくられるようになり、非常にすぐれたものができるようになりました。「フレンチミラー」といわれているものは極上なものとされたといわれます。パリのベルサイユ宮殿の鏡の間も、この当時つくられたもので、フランス鏡の優秀さを誇ったものです。

　鏡は古くから人間の生活にかかせないものだったのでしょう。神社の神体とされ、古墳からも数多くの鏡が出土しています。これらは、日常生活の必需品でもあったのでしょうが、またそれは権力の象徴としてとうとばれたのでしょう。

　当時の鏡は、銅が60～70パーセント、スズが30～25パーセント、鉛が10～5パーセントをふくんだ青銅製ですから、みがきたては、ぴかぴかしていても、日がたつうちにさびてきますから、いつもみがいていなくてはいけなかったでしょう。

鏡の材料と砂糖

　わが国にはじめてビードロの鏡がはいってきたのは室町時代といわれます。江戸時代ともなると、将軍家にたくさんの鏡がオランダから毎年献上されたといわれます。ビードロの鏡はたいへんな貴重品でした。ビードロの鏡が、一般の人たちに使われるようになったのは、江戸時代の末期、天明のころといいますから、いまから200年くらい前のことです。

　青銅鏡はたくさん残っていますが、ビードロの鏡はこわれやすく、現在まで残っているものは少ないようです。

　鏡は両面とも平らにみがいたガラスに（フロート法でつくられた板ガラスならそのままでも）、片面を銀メッキしてつくります。片面を銀メッキするには、硝酸銀を使って、これに酒石酸、アンモニア、アルコール、白砂糖などの還元剤をくわえ、ガラス面に流すと、約10分から数時間後には、銀の膜がガラス面に付着します。この作業のことを銀引（ぎんびき）といいます。

　戦争中、砂糖がないといわれたときでも、ガラス工場では砂糖が容易に手にはいったといわれたのも鏡の材料に使われていたからです。

銀メッキ以前は

　銀引きをする前に、ガラス面は、薄いソーダの液で洗って乾燥させ、よくみがいてきれいにしておかないと、手の脂などかついて、銀膜がきれいにつきません。銀膜がきれいについたら、余分の液を流し去り、銀膜がはがれないように、ベンガラ（三、二酸化鉄のこと）や酸化鉛などの塗料をぬります。鏡の裏の赤く見えるのはこのためです。

　このような銀メッキの方法が発明されたのは、19世紀半ばのことで、それまでは、ガラスの面にスズの箔（はく）をはっておき、これに水銀を流してスズのアマルガム（合金）をつくって密着させていました。

　銀メッキかわりに、アルミニウムを真空中で蒸発させてつける方法もあります。理化学用や光学機械などに使われている鏡はこの方法でつくられています。銀メッキの方はいく分黒ずんでおり、アルミニウムの方は白っぽくみえます。

16. 魔法びん

　魔法びんがあるおかげで、お客さんが来てもあわててお湯をわかす必要はありませんし、いつでも、熱いお茶を飲むことができます。このごろは、レバーを押せば、お湯が出てくる便利なものもできています。
　魔法びんは、ガラスびんが二重の壁になっていて、その壁の内面に銀メッキしてあります。二重の壁のなかは、真空にして封じ切ってあります。

デュワーびん

　魔法びんは、テルモスとかデュワーびんともいわれます。この容器が発明されたのは、いまから80年あまり前のことです。1893年1月20日、イギリスの物理学者、ジェームス・デュワーは、ロンドンの王立研究所の講演会で、たくさんの聴衆を前にして、かれが発明したガラス製の魔法の容器に、冷たい液体酸素—沸点はマイナス183度—を水のように静かに満たしていることを示したのです。

デュワーびん

　二重のガラスの容器の壁の間は真空になっているわけですが、この真空の引き口をこわして壁の間に空気を入れてやると、液体酸素は激しく沸騰しはじめました。
　デュワーがデモンストレーションに使った容器は、なかがよく見えるように、メッキをしていないものですが、このとき、同時にメッキをしたものも見せて、いかにこの容器が熱の逃げを防いでくれるかを示したといわれます。
　デュワーの名をとって、科学の世界では、この容器をデュワーびんといっています。
　この真空のガラスの容器の発明はたんなる思いつきだけではできません。と

いうのは、この容器をつくるためには、ひじょうに腕のよいガラス細工師と、できあがったびんを注意深く熱処理する技術が必要だったからです。さもないと、急に冷やされると容器は粉ごなにこわれてしまうからです。

かげの立役者

デュワーは、低温の領域を中心に、そのすばらしい実験技術を駆使して、数多くの研究をおこないましたが、あまりにも短気だったため、研究仲間と仲たがいしてしまいました。

ただ一人の友人だったクルックスとも口をきかなくなり、最後までデュワーを支持したのは妻のローザだけだったといいます。

「かれは王立研究所を、すばらしいにはちがいないけれど、ある一人の役者だけが芝居をする小屋にしてしまった」といわれています。

しかし、デュワーびんこそは、それからの低温物理学の発展をもたらしたかげの立役者でした。

耐熱ガラスで

現在の魔法びんはホウケイ酸ガラスといって、温度変化に強い耐熱ガラスを使っていますから、熱湯をそそいでも、氷水を入れても、びくともしません。いまでは、家庭の必需品になっています。

わが国で、魔法びんがはじめてつくられたのは、1912年で、日常品として売られるようになったのはずっとあとのことです。第一次世界大戦後、輸出産業としていちじるしい発展を示しました。1943年ころ、魔法びん工場がもっとも多かったのは上海です。いまでもそうですが、中国では乾燥した風土のせいもあって日本以上に必需品として使われています。

17. ガラス繊維（その2）

ガラスのおかげで、胃がん、肺がん、すい臓がんなどが早期発見され、その

結果、的確な診断がおこなわれるようになったといえば、意外に思われる人が多いかもしれません。

からだのなかにも

　映画やマンガなどでは、人間が小さい虫になってからだのなかにはいり、病原体とたたかう話がありますが、もちろん、私たちが体内に直接はいることはできません。

　しかし、食道や気管支のなかに、ファイバースコープというガラスの繊維でてきた「目」を入れて、この目を通して、外部からその内部を見ることができます。これをテレビにうつしたり、映画にとったりすることもできます。

　ファイバースコープは、ガラスの細い糸を一万本くらい束にしてまとめたものです。一本の糸は約10ミクロン、これを百本集めてやっと髪の毛の太さになるくらいに細いものです。

　ガラス繊維を束にして、両端をみがいてやると、直進する光を自由に曲げて伝えることができます。このことを考えついたのはいまから50年も前のことです。その数年後に、外科医たちによって、からだのなかに光を入れるのに使われましたが、その後、目ざましい発展もなく30年たちました。

繊維光学の名が

　ガラス繊維で直進する光を自由に曲げて導くということは、画期的なことでしたが、残念ながら、光の損失が大きく、また、外側に傷がつくとかよごれるとかすると、像がひずんでしまうといった致命的な欠点があったのです。

　これらの難点は、1950年になってから、オランダのワン・ヒールとアメリカのオブライエンらによって解決されました。

　かれらは、ガラス繊維の外側に、屈折率のより小さいガラスを、さやのようにかぶせることを考えたのです。このようなガラスの細い繊維をたくさん束ねて、その両端をよくみがいたものをつくると、一端からはいった光は、ほとんど損失することなく、像もゆがむことなく、他端に伝えられるのです。

　こうした学問分野をファイバー・オプティクス(繊維光学)と名づけています。

高い技術レベル

　このように、異質のガラスをかぶせて細いガラス糸をつくる技術的な困難も征服されて、1950年代の後半から、ファイバー・オプティクスは、実用面で画期的な成果をあげることになりました。

　そのひとつがはじめに書いたファイバースコープです。直径数ミリの細長いガラスのひもが、それまで切り開いてしか見られなかったからだの内部を、私たちに直接見せてくれるのです。

　ファイバースコープの用途は、医学だけでなく、エンジンなどのような密閉された機械装置の内部をみるために、産業界でも広く使われています。

　この方面の日本の技術レベルはひじょうに高く、外国にも数多く輸出されています。

18.　レンズ今昔

黒船以前にも

　安政時代のこと。アメリカのペリーが黒船で浦賀にきたとき（1853年）、日本側は"それ―大事"というので、浦賀付近の寺からつり鐘をはずして、海岸に並べ、大砲に見せかけたという話があります。しかし、ペリーの方では、この様子を沖合から望遠鏡でながめて、このからくりを見通していたといわれます。

　この話からすると、それまで、日本では望遠鏡、つまりレンズにかんする知識はなかったように思われますが、じつは、それ以前に日本でレンズはつくられています。

　寛政のころ（1789～1800年）、大阪の南の方に住んでいた岩橋善兵衛という人が、りっぱなレン

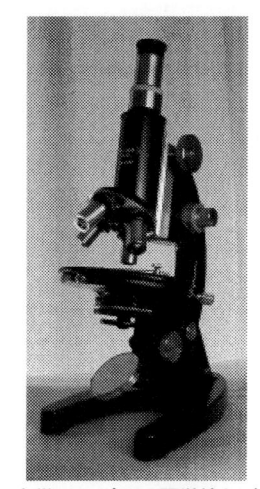

光学レンズは、顕微鏡など科学の研究に欠かせないものになっています。

ズをみがいて、これで望遠鏡をつくりました。そのできばえは、すばらしかったと伝えられています。

　光学機械は、顕微鏡、天体望遠鏡、双眼鏡、写真機、映写機など、科学研究ばかりでなく、私たちの生活にとってもかかせないものになっていますが、レーダーが発達する第二次世界大戦の半ばまでは、望遠鏡をはじめとする光学兵器は最重要の兵器であったのです。

第一次大戦後

　光学ガラスが、わが国でつくられるようになったのは、第一次世界大戦のあとのことです。

　第一次世界大戦がはじまって間もなくのこと、地中海を航行していた日本船・八阪丸がドイツの潜水艦に撃沈されるという事件がありました。この八阪丸には、日本海軍が苦心して手に入れた、フランスのパラ・マントワ社がつくった光学ガラス5トンを積みこんでいたのです。

　レンズがなければ、いくらりっぱな大砲を積んでいても軍艦は目をもたないも同然ですから、たいへんな損害でした。この事件がきっかけになって、日本での光学ガラスの研究が始まったのです。

　当時、優秀な光学ガラスを供給していたのは、ドイツのショット社、イギリスのチャンス兄弟商会とフランスのパラ・マントワ社しかなかったのです。

　海軍の研究は、造兵しょうでおこなわれましたが、最初は失敗の連続で、どうにか使えるものができるようになったところで、こんどは関東大震災にあい、灰になってしまいました。海軍につづいて、大阪の工業試験所でも研究され、いいものがつくられるようになりました。

　そのご、海軍の方の技術は、民間の日本光学にゆずり伝えられ、外国品におとらないものができるようになりました。いまでは何社かで、それぞれ特徴のあるすばらしいガラスをつくっています。

　わが国のカメラが、世界に冠たるものにまで成長した裏には、こうしたガラスづくりにたずさわった人たちの永年にわたるなみなみならぬ努力があったのです。

技術の結晶

　光学ガラスには、正確な屈折率が必要ですが、均一で傷がなく、またゆがみがなく、無色透明で、可視光線のスペクトルのところに吸収のないもの、といったいろいろきびしい条件があります。鉄が不純物としてはいることをとくにきらいます。

　この条件を満たすためには、大きなるつぼでガラスを溶かしたあと、冷やしてかため、そのなかの中心部のごく一部だけを使うといったことをします。さいきんの新種のガラスのなかには、不純物がはいらないように、白金のるつぼでなければ、溶かせないものもあります。

　あの小さなキラキラ輝くレンズのなかに、ガラス工学のすべての技術が結晶しているともいえるのです。

19. クリスタルガラス

ウイスキーと鉛

　高級ウイスキーのびんから鉛が溶けてでているから、洋酒党は、鉛中毒になるのではと、大騒ぎになったことがあります。1971年2月24日付の新聞は、厚生省の発表としてつぎのように報じています。

　「5年近く保存されたクリスタルガラス容器入りウイスキーより鉛の溶出が最低0.05ppm、最高1.2ppm検出された。この数値は、天然食品に含まれている、米1.5ppm、カンピョウ1.8ppm、シイタケ1.7ppmに比してわずかの量であり、あまり心配ないが…クリスタルガラス容器の使用、あるいは使用した洋酒の輸入はさしひかえるよう…」

　そして、国産のSメーカーやNメーカーの高級ウイスキーが、その該当品として指摘されたものでした。

　この報道が事実なら、まさに一大事ですが、どうもこの話は分析をやった人が見誤ったようです。

ぬれぎぬだった

　分析では、アルコールの効果が、いかにも鉛が溶けこんでいるかのようにでるからです。

　また、発表では、クリスタルガラスの容器と指摘されていますが、問題になった国産メーカーのびんは、いずれもクリスタルガラスではなく、ふつうのガラスびんでした。

　こうしたこともあってか、クリスタルガラスは、鉛が溶けでるという"ぬれぎぬ"をきせられているようです。

クリスタルガラスは、グラスなどに使われ、重厚な味を出します。

　クリスタルガラスは、たしかに酸化鉛を20数パーセントも含んでいます。重厚で、きらきら輝いてみえ、はじくと金属的なひびきのするガラスです。花器、灰ざら、ウイスキーグラス、くだものざら、コップなどに使われ、その多くには幾何学的模様のカットがほどこされています。

　ガラスのなかに鉛がはいると、屈折率が高くなるので、光学プリズムや、レンズに、また比較的低い温度でやわらかくなり、細工しやすいので、サークライン・タイプのけい光灯の管に、さらにX線をよく吸収するので、放射線しゃへい用やテレビのブラウン管などに使われています。

水晶のように

　鉛の化合物は、陶器の上薬としては奈良時代ころから使われていたようですが、ガラスに加えることは、産業革命の時代にイギリスで発明されたといわれます。

　クリスタルとは、元来、水晶の意味だったのが、転じて結晶という意味に変わりました。クリスタルガラスとは、水晶のように美しいという意味がこめられているのでしょう。

鉛の化合物を陶器の上薬として使う場合は、せいぜい700度（摂氏）前後でガラス化させるため、ガラス化が不十分で鉛は容易に溶けでます。一方、クリスタルガラスは、1500度〜1600度で鉛とガラスを溶かし合わせるので、酸にたいしての抵抗も大きくなります。4パーセント酢酸溶液を使ってテストした結果では、一昼夜放置しても最高0.18ppm程度ですから、クリスタルガラス容器にふつうの水とか、ウイスキーを入れるのなら、問題はありません。

20. 寒暖計・体温計

タマゴの大きさ

いまから400年前、17世紀にさしかかろうとするころ、暑さ寒さの変化を測ってみようとの試みがはじめておこなわれるようになったといわれます。ガリレオ・ガリレイが温度計を考案（図参照）したのもこのころのことです。

「ニワトリのタマゴくらいのガラスの容器に、てのひらの2倍ぐらいの長さ（約45センチ）でムギワラほどの太さの管のついた装置を使って…」

ガリレオの弟子は記録しています。

「手でガラス球を温めてから、それを逆さにして、下向きになった管の先をもうひとつの水のはいった容器に入れます。ガラス球が冷えるとすぐ水はてのひらの長さの高さまでのぼってきます。かれ（ガリレオ・ガリレイ）はこの器具を使って熱さ冷たさの度合いを調べたのです。」

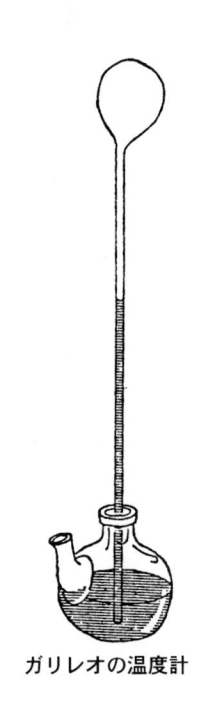

ガリレオの温度計

記録によれば、この温度計は、1593年に発明されたことになっています。こんな簡単な装置でも、熱の秘密をさぐる貴重な武器になりました。

そのご、いろいろ改良が重ねられて、現在、私たちが使いなれている寒暖計や体温計ができあがってくるのです。

なぜ、だ円形か

　体温計の構造は、簡単のように見えますが、なかなかどうして、いろいろ工夫がこらしてあります。
　まず、ガラスの材質ですが、質が悪いと、水銀の入っている毛細管の内壁からアルカリ分などが溶けだして、水銀に影響して示度が不正確になります。
　質の悪いガラスでつくった体温計は、実際とちがって、少し高い温度の目盛りをしめすようになります。
　いい国産ガラスがつくられるまでは、ドイツの「エナ16番」というガラスでないとだめだとされたものでした。
　水銀柱がのぼったり、下がったりする毛細管のアナの形は、ちょっと見ると、まるいように見えますが、多くのものはだ円形につくられています。
　円形のものでは、太くても直径が0.05ミリ程度、つまり1ミリの100分の5くらいという細いものです。だ円形のものでは、大きいもので、長軸0.08ミリ、短軸0.06ミリ、小さいもので、長軸0.05ミリ、短軸0.02ミリといった程度です。
　だ円形が多いのは、断面の面積が同じなら、だ円の方が幅がひろく見えるという理屈です。さらに、だ円の方が水銀柱頭がずっと読みやすくなります。
　円形にしろだ円にしろ、水銀の通るアナは、このように細いものですから、そのままではとても見えません。それで、水銀柱が太く見えるように、ガラス管の表面をわん曲させて、水銀柱を焦点にして30倍から50倍に拡大して見えるようにしてあります。それで、横から見るとなにも見えませんが、真上からみると、2ミリくらいの太さに見えるわけです。

鉄管で種をとる

　さて、こんな肉厚のガラスの細い管をどうやってつくるのでしょうか。いまは、自動化が進んでいるようですが、原理的には、鉄の管の先をガラスのとけているルツボのなかに入れてガラスの種をとり、毛細管にするのに必要なだけ空気を吹きこむ作業をして、さらにその上にガラスをかぶせるということを数回やって、これを引き伸ばして棒をつくるのです。

21. 電球今昔

光源をガラスで

　寒くなると、クールなけい光灯の光より、白熱灯の赤っぽい光がなつかしくなります。戦争中は、まわりを黒くして、まんなかだけ光がでるようにした灯火管制用の電球などというものもありました。

　風が吹いても灯が消えないし、スイッチひとつひねればいつでもつけたり、消したりできる電灯は、じつに便利なものです。このごろのように、あまり停電事故もないと、そのありがたみもつい忘れがちです。

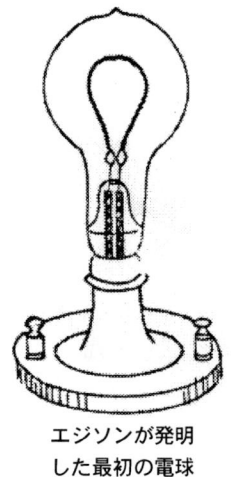

エジソンが発明した最初の電球

　日本の竹を使って、電球を発明したエジソンの話は、有名です。実用になる電球ができたのは、研究をはじめて2年後の1880年のことです。

　当時の照明としては、ガス灯、アセチレンガス灯、炭素アーク灯、石油ランプなどでした。光源そのものは裸で、そのまわりにかこいとしてガラスが使われていました。エジソンは、光源そのものをガラスですっぽり包みこむことに成功したわけです。

　炭素の線の電球、タングステンを線に使った電球、フィラメントの持ちをよくするためにアルゴンガスなどを封入した電球、あるいは酸化トリウムをタングステンに加えてフィラメントの持ちをよくした電球、つや消しにした電球…いろいろの種類の電球がつくられてきました。

昼光色電球とは

　ふつうのガラス球は光が赤っぽいので、日光と似た光をだそうとしてつくられたものに昼光色電球というのがあります。これは、ガラスに酸化銅を入れ、青い色にして、フィラメントからでる赤っぽい光を吸収するようにしたものです。

　ふつうに使われる照明用の電球は、いまはほとんどつや消しですが、これは

1925年(大正14年)のころ、わが国で発明されたものです。

　電球のなかに、つや消し液を入れて、一定時間ガラスに作用させたあと、薬液をだして水洗いすればできます。このような電球では、内部で光の反射がくり返されて外にでてきます。フィラメントは、直接見えないので、まぶしさは減りますが、明るさはそれほど変わりません。

　乳白色のガラスを電灯のかさに使うのも同じような効果をねらったもので、かげをつくらないでやわらかい光をあたえます。

一昼夜30万個

　1938、9年(昭和13、4年)ころには、年間三億から四億個の電球がつくられ、このうち3分の2は、外国に輸出されていたといいますから、日本の電球がひろく世界のすみずみを照らしていたことになります。

　1907年(明治40年)ころ、日本で電球がつくられはじめたときから、大正年代の終わりころまでは、ガラスを吹きさおにつけ一個一個ふいてつくっていたものです。大正の終わりころから、自動化がすすみ、しだいに進歩して全自動機がつくられ、昭和にはいると、自動的に大量生産されるようになりました。ひとつの機械で一昼夜で20万個とか30万個つくられるようになりました。

　電灯といえば、今日では、ありきたりのものですが、ガラスの透明さ、真空にできるなど容器としての格段にすぐれた性質、細工の安易さといったことが、十二分に利用されたものといえるでしょう。

22. カラーテレビのブラウン管

ずばぬけた技術

　どんなところにいても、カラーテレビの画像が見られるのは、世界でも、日本だけのことでしょう。(日本のカラーテレビ受像機普及率90パーセント)

　カラーテレビのブラウン管は、エレクトロニクスとガラス技術が緊密に結びついてできあがった製品ですが、日本のブラウン管技術は、世界でもずばぬけ

たものです。一昨年の暮れこ
ろには、ソ連、中国、朝鮮、西
ドイツ、オーストラリアなど
世界各国から、カラーテレビ
のブラウン管製造プラントの
引き合いが殺到したものでし
た。しかし、プラントをつ
くったからといって、一朝一
夕にカラーテレビのブラウン管が製造できるわけではありません。

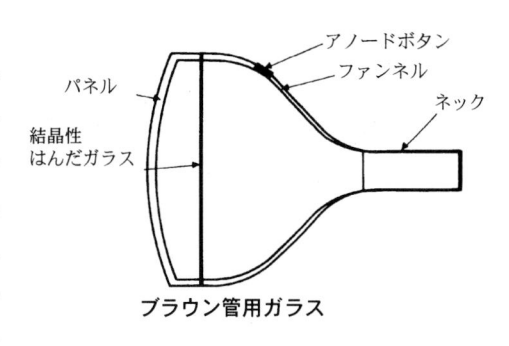

　一般に使われているカラーブラウン管は、パネルの内側に、赤、青、緑に発
光する直径0.3ミリくらいの非常に小さい蛍光体（ドットと呼ばれる）が互い
に正三角形になるように規則正しく配列されています。電子銃から出た電子
ビームがこの蛍光面の手前約10ミリのところにある直径0.25ミリくらいの穴
が約10万個あいたシャドウマスクを通ってこれらの蛍光体に正確にぶつかっ
たとき、はじめて美しくきれいに発色するのです。この蛍光体は100万個にお
よびますが、これらを幾何学的に正確にガラスパネルの内面にどうやってつけ
るか、シャドウマスクの精密加工技術、また、これに電子ビームをぶつけるエ
レクトロニクスの技術、さらに、ガラスの容器をこれら精密技術に対応できる
ような正確さでどうしてつくるのかといった難問がカラーブラウン管にはある
のです。

はじめは円形

　ブラウン管パネルの内面はどこをとってもシャドウマスクから等距離、すな
わち完全な球面（メーカーによっては円筒面もある）であることが絶対条件で
す。理想的な球面にたいして、プラス・マイナス0.2ミリという精度にできあ
がらないと美しい映像はうつりません。

　アメリカのRCA社が、1957年にカラーテレビをはじめたときは、ブラウン
管は円形だったのです。円形の画面のままでは、視覚的に見にくいので、わく
でかこって長方形にして見せていました。当時作られたアメリカ映画をみる

と、こんなテレビを小道具として見受けることがあります。

ところが、いま私たちが目にしているものはどれも長方形のものです。

パネルのガラスは、1050度くらいの高温で溶かしたガラスを金型に鋳こんでプレスしてつくるのですが、四角いものだと、方向によって伸びちぢみの度合いがちがいます。金属の型も伸びちぢみします。このような伸びちぢみを試作の段階でくりかえし、このなかから最終製品に見合う最適の条件を見つけていくわけです。

量産は5社だけ

カラーテレビのブラウン管ガラスをつくっているのは（量産品として）、アメリカのコーニング社とオウエンズ・イリノイ社、ヨーロッパではオランダのフィリップス社、そして日本では、コーニング社と結んだ旭硝子と、オウエンズ・イリノイ社と技術提携している日本電気硝子の2社の計5社です。

カラーテレビのブラウン管は、なかなか容易にはつくれないわけです。日本は、ガラス製造技術についても、提携先のアメリカ2社を追い抜いています。これが、日本のカラーテレビの映像をささえているといえます。

23. ガラス玉いろいろ

あの玉この玉が

奈良の正倉院には、まえにも書いたように、ガラス製のはちやびんなどの器がありますが、このほか装身具などの飾りに使われたと思われるガラス玉の類が驚くほど多様にあります。使途不明の玉類も目方で50キロもあるほどです。

玉の種類は、小玉、丸玉、ねじり

正倉院にある瑠璃（るり）丸玉

玉、吹玉などと名がつけられているようにいろいろあり、それらの製法も推定されています。

穴のあいた小玉といわれるものは、銅の線に溶けたガラスを巻きつけたといわれます。丸玉という直径13ミリほどの玉も溶けた鉛ガラスを銅線に巻きつけてつくったものと思われ、いまでも孔には酸化銅が黒くついています。

ガラスの玉は、小さいものはビーズから、大きなものはこどもの遊びに使われるビー玉、模造真珠の玉、色ガラスのネックレスなどいろいろあります。

これらのうち装飾用に使われるガラス玉は、大阪の南河内平野の信太(しのだ)の付近でもっぱらつくられています。このあたりは、昔、和泉の国の国府があったところで、古墳群が散在していますが、ガラス玉づくりの工業は明治の末ころから始まったといわれます。多くは零細企業で、一人、二人の職人が、美しいガラス玉のネックレスや模造真珠をつくっていますが、それらの大部分は、アメリカ向けの輸出品といわれます。

模造品は昔から

模造真珠は、昔は、太刀魚やニシンのうろこを、セルロイドを溶かした液にまぜて、これをガラス玉にぬっていましたが、さいきんのものは、炭酸鉛をうすくぬりつけ、表面をラッカーなどでとめているようです。技術的にも進んで、本物の真珠と一見区別のできないほどです。

ビーズは、直径2ミリ内外のガラスの管を細かく切断し、これに木炭の粉や石灰の粉などをまぶして、くっつかないようにし、回転式やコンベア式の炉になかで加熱変形させてつくるのが古来からの製作法です。ガラス管のかわりにガラス棒を使えば、ガラス玉ができます。

ラムネ玉やビー玉などは、二つの丸みぞのついたロールの間に、溶けたガラスを流しこんでまるく成形してつくります。

こんな使いみちも

ガラスの玉は、工業的にはガラス繊維の素材として使われるなど、いろいろな分野で利用されていますが、直径数十ミクロンから数百ミクロンの細かいガ

ラスビーズは、まったくちがった用途に使われています。

高温の炎のなかに細かいガラスの粉末を吹きこむと、粉末は溶けて表面張力でまるくなり、真珠に近い形になります。こうして、細かいガラスビーズはつくられます。

道路標識に光があたると、きらきら輝くものがありますが、これはガラスビーズが使われているからです。

ガラスビーズは、圧搾空気で吹きつけて、金属を研磨したり、プラスチックの穴あけに使ったりします。

24. ガラス工業は"新生児"

美しい色の「石」

人類が、ガラスを知ったのは、4000～5000年前、あるいはもっと昔のことと考えられています。

かまどに、赤、青、黒と美しい色をした"石"ができるのをみて、ガラスの存在を知ったのでしょう。かまどで、砂が灰といっしょに高温にさらされるとガラスができるのです。

この美しい「石」が、飾り物としてではなく、生活必需品となったのは、日本では100年たらずのことです。窓ガラスをはじめ、いろいろのところにガラスは使われていますが、ガラスの特性を生かしたものといえば、真空の容器といえるでしょう。これがなければ、ラジオもテレビも、けい光灯も生まれなかったでしょう。

また、像を伝える媒体としてのガラスの特性も忘れてはなりません。カメラ、望遠鏡、顕微鏡、メガネも、ガラスなくしてはなりたちません。

窓やびんに使われるガラスは、ケイ砂に石灰とソーダを加えて、1500度くらいで溶かし合わせたものです。石灰のかわりに酸化鉛を加えたのが鉛ガラスです。ホウ酸をふくんだホウケイ酸ガラスはまほうびんに使われます。

必要なくずガラス

　ガラスには、さまざまな組成のガラスがありますが、主成分はケイ砂です。

　白砂青松といわれますが、この白砂がケイ砂です。ソーダは、塩からつくられます。資源としては無尽蔵といっていいでしょう。

　しかし、良質のガラスをつくるためには、鉄分の少ない、純度の高いものが必要です。原料の面からみれば、ガラスは比較的恵まれていますが、高級ガラスとなると、かならずしも楽観できません。

　ガラス工業は、資源再生工業といわれています。ガラス原料だけを溶かしても、ちょうどアメのようになって、なかなか均一にまじり合ったガラスはできません。そこで、カレットといって、くずガラスを大量にまぜて溶かします。

　くずガラスには、不良品としてはねられた製品や、びんなどのように回収されたものも使われます。くずガラスは、均一な組成のガラスをつくるうえで有効なのです。ここでは、くずが大切な資源なのです。

文明に大きな役割

　水は温度が下がり氷点下になると、液体状態が、結晶状態にかわります。つまり、凍ります。ガラスは、液体状態のままにかたまったものだといわれます。しかし、ガラスの正体については議論が多いようです。固体、液体、気体は、"物質の三状態"としてよく知られていますが、ガラス状態は、この三状態とは別の新しい状態だという説もあります。このような状態はポリエチレンなど高分子材料にもみられます。

　ガラスという材料が秘めている、そのすばらしい性質は、鉄など金属材料とはまたちがった応用分野をきりひらいています。豊かな文明をきずくうえで、ガラスは、これからも大きな役割を演じていくことでしょう。

　　　（「赤旗日曜版」1974年8月11日〜1975年1月26日　24回連載）

索　引

あ行

アマルガム　166, 168
アルキメデスの原理　9
アルキル水銀　171
α（あるふぁ）鉄　117, 119, 131
アルミニウム　82〜84
アルミニウム合金　57
アルミニウム製錬　83
安全ガラス　217
ESD（超々ジュラルミン）　48, 49
ISOねじ　101
磯部鑑定　7, 29〜32, 36
板ガラス　211〜218
鋳物　70〜72
ウイスカー（猫のひげ）　137, 138
ウィットねじ　101
ウイルム（Wilm, A.）　44, 57
宇宙における鉄の存在量　141〜143
永久磁石　120, 132
永仁の壺（永仁銘瓶子）　11〜16
エチル水銀　172
X線　152
X線透視　17, 18
江戸時代のガラス　206, 210, 211
絵の具　20
MK鋼　120
塩化銀　191
応力腐食割れ　7, 8, 36, 37, 48, 75
岡本鑑定　7, 34
オーステナイト系ステンレス　75
OP磁石　131
温度計　241, 242

か行

鏡　232, 233
鍵　90〜92
科警研（弾丸鑑定）　29
化成法（鉄の着色法）　139
加藤唐九郎　12, 13
カドミウム（汚染）
　　157, 158, 177, 179〜181
鐘　64〜66
ガラス工業　248
ガラス製造法　214〜216
ガラス繊維　225〜227, 235〜237
ガラス玉　204, 244
ガラスの伝来　205
簡易測定法（二酸化窒素）　195
γ（がんま）鉄　117
ギヤマン　205〜207
球状黒鉛鋳鉄　96
キュプロ・ニッケル　62
強化ガラス　216〜218
共晶　71
キルド鋼　102
切れ味　95
切れ味試験機　67
金　59, 60
銀　60〜62
銀貨　62
金属の強さ　136
金の六斉　65, 66
釘　77〜79, 119, 133
沓（くつ）　95〜97
クラッド材　123〜125

索引

クリスタルガラス　239～241
クロム　178
KS鋼　120
軽銀　83
軽金属　176
蛍光X線分析　13～17
けい光灯　223～224
珪素鋼（板）　100, 120
結晶化ガラス　229
拳銃（ピストル）　4
光学ガラス　238, 239
鋼管　88
工具鋼　89, 117
硬磁性材料　120
高速度鋼（ハイス）　89, 90
高炭素鋼　89
高炭素－マンガン－タングステン鋼　90
高融点金属　72
高力アルミニウム合金　58
五金　68
黒鉛　71
コバルトの毒　152
ゴールド・ボンディング・ワイヤ　59
金銅仏の調査　17

さ行

裁判と科学　25
薩摩ガラス　210
三品　68
紫外線（分析）　19
磁気　118
軸受け　86
磁石　118～120
自動製びん機　220, 221
下平鑑定（報告）　9, 36
ジャーマン・シルバー　61

重金属　176
重金属汚染　151, 175～182
重金属含有量　180, 185
手術用具　94, 95
ジュラルミン　44～47, 57, 58
純鉄　106～111, 120
錠　90～92
証拠弾丸　4, 6, 27, 33
正倉院のガラス　203, 204, 244
白鳥決定　41
白鳥事件　3～9, 24～40
新KS鋼　120
人工ダイヤモンド　20
浸炭　113, 114
真ちゅう（黄銅）　61, 63
水銀　166～174
水銀汚染　157, 158, 166～174
水銀農薬　169, 170
水道管　69, 81, 181
スウェーデン鋼　120, 121
スウェーデン鉄　87, 106
スズ中毒　155, 156
ステープル　97～99
ステンレス　74, 75, 88, 94, 95
ステンレス－クラッド鋼板　125
スペキュラムメタル　65
青銅　65, 69
青銅器の分析　16
生物中の鉄　141
赤外線（分析）　19
積層材　91, 123
切削工具　89, 90
セメンタイト　71, 116
セレン（汚染）　177
ゼロ戦　47
綫（せん）条痕　5, 35, 38

索引

相 117

た行

大気汚染 183, 190
大気汚染物質 193
耐候性鋼板 140
体心立方構造（格子） 114, 116, 117, 119
弾丸鑑定 3, 25, 29
タングステン 72, 73
タングステン・フィラメント 73
炭素量の分析 117
チェーン 92〜94
置換型合金 114
地鉄 131
着色ガラス 230
着色法（鉄の） 138
鋳鋼 96, 97
注射針 81, 87, 88
鋳鉄 71, 96, 113
超々ジュラルミン 44, 47〜49, 124
ツェッペリン飛行船 45, 58
継ぎ目なし管 82
鉄 70
鉄鉱分析表 143
鉄－炭素合金 70
鉄の管 80〜82, 87, 88
鉄の結晶構造 114, 117
鉄の磁化 119
鉄の状態図 116
鉄の性質 106, 115
鉄の存在量（宇宙における） 141〜143
鉄の切断法 125
鉄の単結晶 109
鉄の着色法 138
鉄の変態 110, 114
鉄の歴史 105

鉄釉 129, 130
デュワーびん 234, 235
δ（でるた）鉄 117
電気と磁気の相互作用 99, 118
電球 72, 243, 244
電動機 99, 100
銅 65
銅化合物（汚染） 177
銅の中毒 156
土壌汚染 179, 180
トタン 70

な行

長崎鑑定 32
鉛 68
鉛汚染（ガソリン中の） 184〜187
鉛中毒 68〜70, 158〜165, 175, 181
軟磁性材料 120
二酸化窒素 193
二酸化窒素測定運動 193
にせ金 63, 64
にせもの（絵画） 18〜19
ニッケル化合物（汚染） 177
ニッケル・シルバー 60
日中比較試験（腐食実験） 35
ねじ 100〜102
ネズミ鋳鉄 71, 96

は行

ハイス（High Speed Steel） 89
鋼 71, 113, 115
白鋳鉄 71, 96
白銅 62
肌焼き鋼 113
ばね 85, 86
刃物 94, 95

索　引

刃物の切れ味　66〜68
原善四郎　6, 31
パーライト　117
針　79, 80
礬素　83
ハンダ　70, 71
非金属介在物（鋼中の）　121〜123
PC鋼線　102, 103
ヒ素中毒　153〜155
ビードロ　205〜207
非破壊検査　13, 19, 36
ピルトダウン人　22
びんガラス　218〜222
ファイバースコープ　237
フェライト　131, 132
フェライト系ステンレス　74
吹きガラス　204
複合材料　138
腐食実験（中国）　8, 33, 35
腐食実験（幌見峠）　9, 33〜38
ブラウン管　244〜246
ブリキ　70
プレストレスト（PS）・コンクリート　102
ブローニング（拳銃）　5, 28〜31
粉じん中の重金属含有量　185
粉末冶金法　73, 90
ベアリング　86, 87
ベリリウム　75〜77, 176
べんがら　129
砲金　65
ホウケイ酸ガラス　227, 235
法隆寺の釘　133
本多光太郎　22, 67, 120

ま行

マグネタイト　131

まだら鋳鉄　71, 96
松井実験報告書　37
松本清張　12, 43, 53
魔法びん　227, 234, 235
マルテンサイト　117
マルテンサイト系ステンレス　74
マンガン中毒　153, 179
三島徳七　120
宮原将平　31
村上国治　28, 35
メガネ　208, 209
メチル水銀　169, 171
面心立方構造（格子、晶）　114, 116, 119
もくせい号　41〜53, 100

や〜わ行

焼戻し法（鉄の着色法）　140
冶金学　144
有機水銀　166, 168
容器ガラス　219
洋銀　61
洋釘　77, 133
洋白　61, 92
四エチル鉛　181, 186
リムド鋼　101
硫化銀　190
硫化水銀　166, 167
レンズ　208, 237〜239
六価クロム　75, 178, 183, 188, 189
和釘　77, 133
割り込み型合金　114

科学(かがく)する眼(め)―？を調(しら)べ、考(かんが)える

2006年 9月10日　初版第1刷発行

著　　者　　長崎(ながさき)　誠三(せいぞう)ⓒ
発 行 者　　比留間　柏子
発 行 所　　株式会社 アグネ技術センター
　　　　　　〒107-0062 東京都港区南青山 5-1-25 北村ビル
　　　　　　TEL 03 (3409) 5329 ／ FAX 03 (3409) 8237
印刷・製本　株式会社 平河工業社

Printed in Japan, 2006

落丁本・乱丁本はお取り替えいたします。
定価の表示は表紙カバーにしてあります。

ISBN4-901496-32-8C0040